做优雅的巴黎女人
时尚,智慧,自信,独立
HOW TO BE PARISIAN

〔法〕安妮·别列斯特 〔法〕奥黛丽·迪万 〔法〕卡洛琳·德·玛格丽特 〔法〕索菲·玛斯 著
童文煦 赵明 译

人民文学出版社

著作权合同登记　图字01-2017-3769

HOW TO BE PARISIAN
Copyright © Anne Berest, Audrey Diwan, Caroline de Maigret, and Sophie Mas, 2014
All rights reserved.

图书在版编目（CIP）数据

做优雅的巴黎女人：时尚，智慧，自信，独立／
（法）安妮·别列斯特等著；童文煦，赵明译. — 北京：
人民文学出版社，2017
ISBN 978-7-02-013220-1

Ⅰ. ①做… Ⅱ. ①安… ②童… ③赵… Ⅲ. ①女性－
修养－通俗读物 Ⅳ. ①B825.5-49

中国版本图书馆CIP数据核字(2017)第203308号

责任编辑　卜艳冰　周　洁
装帧设计　高静芳　汪佳诗

出版发行　人民文学出版社
社　　址　北京市朝内大街166号
邮政编码　100705
网　　址　http://www.rw-cn.com
印　　制　上海利丰雅高印刷有限公司
经　　销　全国新华书店等

开　　本　890毫米×1240毫米　1/32
印　　张　8
字　　数　80千字
版　　次　2017年11月北京第1版
印　　次　2018年12月第2次印刷

书　　号　978-7-02-013220-1
定　　价　49.00元

如有印装质量问题，请与本社图书销售中心调换。电话：010-65233595

故事应该要有开始,有过程,有结局,但不一定要按照这个顺序。

——让-吕克·戈达尔

CONTENTS 目录

前言 | *1*

1. 基础篇

金玉良言 | *3*
巴黎男人眼中的巴黎女人 | *4*
衣橱禁忌 | *8*
最著名的巴黎女人都是外国人 | *10*
下午一点，花神咖啡馆的首次约会 | *14*
关于幽默的严肃讨论 | *18*
巴黎女人的颜色拼图 冬天/夏天 | *20*
那一丝淡淡的忧愁 | *22*
不是好妈妈 | *24*
如何接电话——他终于来电话了 | *26*
招牌物件的价值 | *28*
自然之美 | *32*
公开的私密 | *38*
禁忌 | *40*
安全包：以防万一 | *41*
巴黎生活场景1 | *42*

2. 拥有你的坏习惯

是的。不，不是。不对，是的，是的。| 46
秘笈：让他认为你不是剩女 | 48
她自己的驾车法则 | 50
亲一个 | 54
准备晚餐派对 | 56
酷，还是冷漠？| 66
她们的淡漠从哪儿来？| 70
巴黎女人的清高 | 72
一日工作半日闲 | 74
绝不承认 | 76
你的倒霉瞬间 | 78
如何颠覆男人 | 80
下午六点的挣扎：健身 | 82
巴黎生活场景2 | 84

3. 培养魅力

二十四小时的美貌 | 88
必需品 | 90
少就是多 | 94
巴黎女人的书架 | 96
迷你裙 | 100
保护你的皮肤 | 102

当你可以拥有一切时 | *104*

黑衣女人 | *106*

雷达之外 | *108*

海军蓝 | *112*

美国小说家眼中的巴黎女人 | *114*

西蒙娜们 | *116*

在乡间 | *120*

你的最佳版本 | *124*

花点时间 | *127*

饰品与珠宝 | *128*

巴黎生活场景3 | *130*

4. 勇敢去爱

理想男人 | *134*

对于爱情的乐观观念 | *136*

女人的百宝箱 | *138*

以爱相爱 | *144*

妈妈对于爱情的忠告 | *146*

一点点额外的东西 | *148*

派对 | *152*

做爱后的午餐——快乐结局 | *158*

裸体 | *160*

女友群 | *163*

离去的人 | *164*

不是婚礼 | 167

分开的卧室 | 172

巴黎生活场景4 | 176

5. 巴黎女人小贴士

巴黎女人的一天 | 180

巴黎剪影 | 188

出轨ＡＢＣ | 190

让人相信的艺术 | 192

经典（简单）法国菜谱 | 194

摆桌 | 200

壁炉架上 | 202

你会长大成人，我的儿子 | 204

光 | 206

游戏 | 208

小放纵 | 212

周日菜谱 | 214

祖先的贴士（我们从不忘记我们的根） | 218

当你看这些影片时，你就在巴黎 | 222

巴黎生活场景5 | 226

你需要了解的十五个词 | 230

巴黎地址簿 | 236

前言

事实是这样的：巴黎女人并没有独特的"苗条"秘密基因，和她们相处并不容易，她们也不都是完美妈妈。事实上，她们非常不完美、不确定、不可靠，充满矛盾。但同时她们又风趣、细心、好奇和玩世不恭，而且她们知道如何享受生活。

我们是四个巴黎女人，已是多年老友。我们在很多地方各不相同，但在重大问题上倒都看法一致。我们在一起度过了数不清的长夜，彼此相视大笑，并分享那些将生活变成故事的典型法国热情。你将会发现，法国女人花费了超多的热情将她们自身的各个方面都转化为传奇故事。

在这里，我们是想让你了解做巴黎女人这一艺术的真谛。我们有条理而又混乱，自豪而又自嘲，忠实而又反叛。我们将指出我们的态度、我们的冷淡、我们低潮时的表现、我们恋爱时的样子以及我们如何度过白天和黑夜。我们希望接下来的两百多页纸能揭开这些神秘面纱。

| 1 |

基础篇

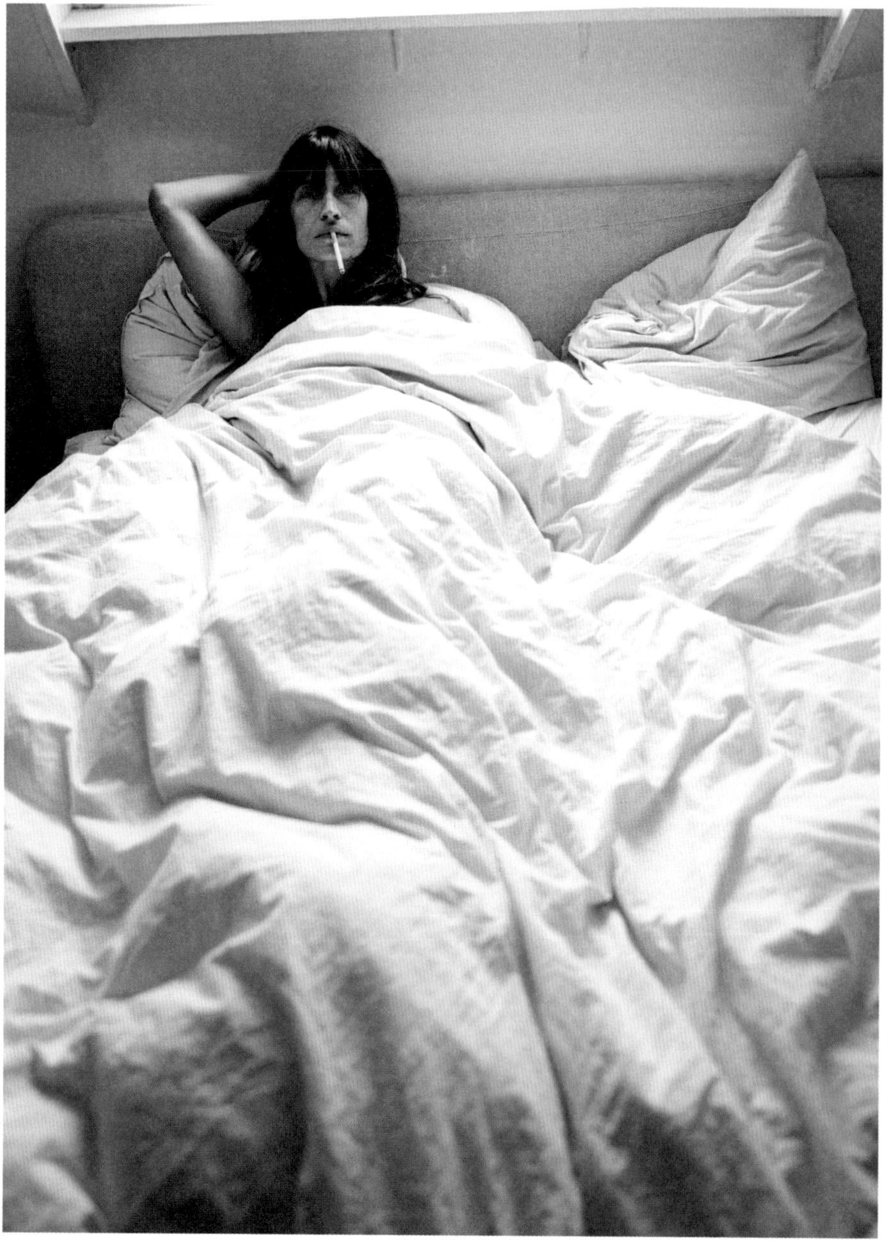

金玉良言
每晚上床前大声诵读，哪怕喝醉了也要。

　　*不要害怕变老。如那句名言：除了害怕本身，没有什么东西值得害怕。***在你三十岁之前就找到"你自己的"香水，并在接下来的三十年中使用它。*讲话和大笑时绝对不要让别人看到你的牙龈。*如果你只有一件毛衣，确保它是羊绒的。*白色衬衣下一定要戴黑色胸罩，就像乐谱上的两个音符。*必须学会和异性和谐共处，而不是针锋相对，做爱时例外。*见异思迁一下，**偶尔换一种香水，但只能在天冷的时候。***尽可能多去剧院、博物馆和音乐厅。**文化熏陶和多吃水果、蔬菜一样，能让你散发健康的光芒。***了解自己的优缺点。**私下里可以努力改善，但不要过于痴迷。***举重若轻，你的所作所为都应该看上去轻松而优雅。*不要太过浓妆、用太多颜色和太多饰品。*深呼吸，放松。*无论是为朋友烹调，还是为参加婚礼着装或是为旅行准备行囊，都要快速且完善。*给你的妆容留一点余地——魔鬼在细节中。*做你自己的护花使者。*自己剪头发，**或者请邻居代劳。当然你认识那些明星发型师，但只是作为朋友。***时刻为艳遇作好准备：**周日上午在面包店排队时、午夜购买香槟酒的路上，甚至去学校接孩子时。谁知道呢？***你不必时刻化妆，但任何时候着装都应该得体。*头发要么全黑，要么全白。**黑白相间还是留给餐桌上的椒盐吧。***时尚统领世界，巴黎人统领时尚。**好吧，这可能有点夸大，但这个世界还是需要一些童话的。

巴黎男人
眼中的
巴黎女人

谁可以告诉我一个完美的巴黎女人该是什么样子的呢?

答案在我无数次思考这个问题后呈现:

当然,问他,那个在厨房中忙碌的他,我孩子的父亲,巴黎男人。

这个问题令他措手不及,他喃喃地自言自语起来。

我恶狠狠地看着他。

难道除了我们无与伦比的时尚和成为法国象征的香水等等老生常谈之外,再没什么独创性的东西可说吗?

"你是认真的吗?我们居然在讨论这样的话题?"他斜倚在厨房水斗上,开始滔滔不绝地演讲,就像开始进行在心中酝酿了无数次的祷告,闭着眼睛就可以继续。

"首先,"他说,"巴黎女人永不满足。譬如,无论我赞美你是如何完美,你依然不会嫌多。"

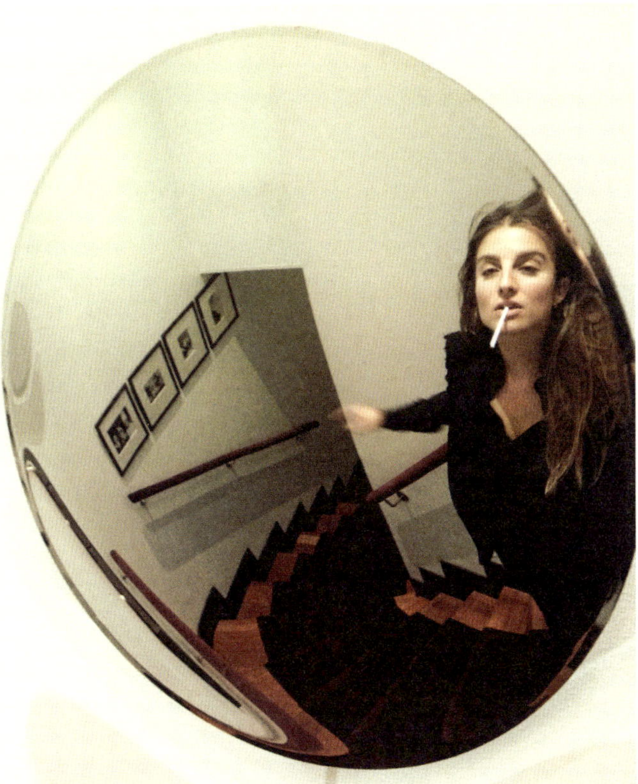

巴黎女人喜欢以己为师，在博客和书本里孜孜不倦地给出生活建议。事实上，她热爱有人问她想法的感觉。当然，这是有道理的，因为她经历过所有的事，见过所有的事。她无所不知。

例如，她永远会向你推荐自己的医生——他是个天才！也会推荐她自己的牙医——他是个艺术家，有珠宝匠的手艺！还有她的妇科医生——当然，你知道吗，凯瑟琳·德纳芙找的也是他！巴黎女人是厚颜无耻的势利眼，势利眼到可以毫不掩饰并不介意别人认为自己势利眼。势利眼有什么错？巴黎女人永远骄傲。

艺术、文化和政治永远是巴黎女人的最爱。她用和培育阳台上的萝卜一样的爱心培育自己。一边提壶浇水，一边告诉你最近那个刚获金棕榈奖的电影为什么实际上是部烂片。其实她自己可能都没看过。巴黎女人天生知道自己的观点应该是什么，就是无论怎样都要和你的相反。

巴黎女人永远迟到，与你不同，她非常忙，有重要的事情等着她做。约会时她们从不化妆，当然，她们认为内在美不需要外部辅助。但当她们在周日上午去面包店时绝对要涂上口红，不然如何面对可能碰到的熟人？

她是猜疑狂和自大狂的混合体。如果她把提出异议的永不停息的动力用于解数学方程式,她每年都能得诺贝尔数学奖。

当她说你的新男友真"特别"时要小心,在她看来,"特别"不是个褒义词。

她从来不在恰当的地方穿马路,她说这是她反叛的一面,那些排队等待的人让她无法忍受。

她不常说"谢谢",也不常主动打招呼说"你好",但会抱怨巴黎侍者的不讲礼貌。

她口无遮拦,而且可以像水手一样满口粗话。当别人对她们礼貌地"祝好胃口"时无比惊恐。品位差比礼貌差更让她们难以忍受。

她永远戴墨镜,哪怕是下雨天,但却看不惯电影明星以墨镜隐藏自己。

总而言之(相信我,我对巴黎女人足够了解),巴黎女人就是疯子!

衣橱禁忌

* 跟高三英寸以上的高跟鞋。生活如此美好,何必过早离场?

* 企业商标。不要把自己变成广告牌。

* 尼龙、聚酯纤维、化纤这类让你汗流浃背、闪闪发光的衣物。

* 运动裤,这种装备绝对不要让男人看到,除非是健身房教练,其实就连他们也不会欣赏,紧身健美裤例外。

* 闪光绣花带洞牛仔裤,它们更适合迈阿密。

* UGG靴子,不需要我说理由了吧?想都别想。

* 紧身上衣,你已经不是十五岁的少女了。

* 假名牌包。和假胸脯一样,造假不能真正消除你的不安全感。

* 告诉你一个秘密吧,只有在天堂里才能看到巴黎女人在Burberry风衣下什么都不穿,不要指望在现实生活中碰到。

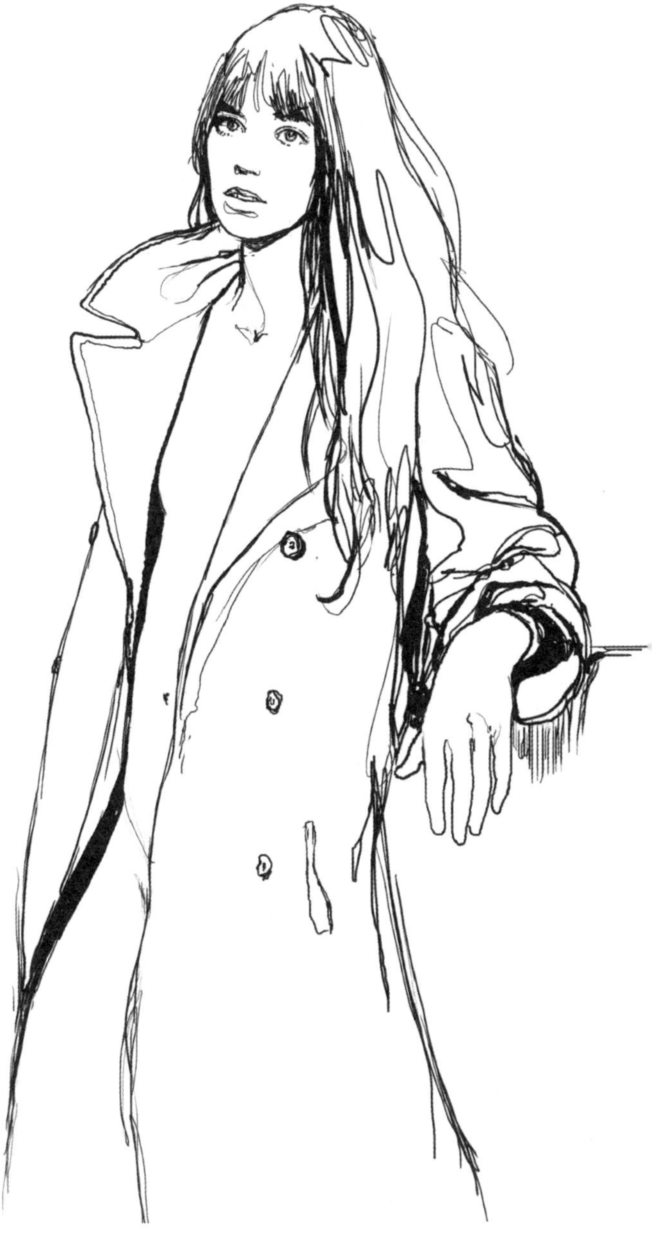

最著名的
巴黎女人
都是外国人

是的，巴黎女人往往来自他乡。
她们并不生于巴黎，她们只是在此重生。

玛丽·安托瓦内特（Marie Antoinette）

　　玛丽·安托瓦内特是奥地利人。当她第一次来到法国嫁给路易十六当王后时只有十四岁。虽然举止轻浮，她却是激起我们对时尚热爱的第一人。她红杏出墙，梦想成为演员和牧羊女。她创造了自己的人生。

约瑟芬·贝克（Josephine Baker）

她生于美国密苏里州圣路易斯。约瑟芬不只是加入了法国国籍，而且全心全意地拥抱法国，甚至还在二次大战法国被占时加入了地下抵抗组织。她因为在巴黎著名剧院"疯狂牧羊女"万人空巷的卡巴莱舞表演而成为最著名的巴黎明星。自由和先锋的她热情而机智。她的歌"我有两个爱人……我的国家和巴黎"给她带来了巨大的成功。

罗密·施奈德（Romy Schneider）

电影《茜茜公主》的女主角罗密·施奈德在巴黎享受着无眠之夜、反传统和不拘小节带来的快乐。在二十世纪六七十年代，这位来自维也纳的午轻女子瞬间俘虏了法国人的心，他们热爱她的魅力、善良和柔弱。她迅速成为所有巴黎女人女性化的理想。

简·柏金（Jane Birkin）

来自英国的女影星、女歌星简·柏金与赛日·甘斯布唱的那首令人难忘的一九六九年金曲《我爱你，我并不》，还有和碧姬·芭铎合演的许多电影，包括《春光乍泄》和《唐璜》，使她成为所有英国女性中最巴黎的女人。法国人喜爱她的英国口音，她已成为法国传统文化的一部分。她的女儿夏洛特·甘斯布和露·杜瓦隆接了她的班，继续带给我们一种永不过时的时尚：旧牛仔裤配风衣和跑鞋。

下午一点，
花神咖啡馆的
首次约会

拿起菜单，每一次，在她脑海里，都会觉得这张菜单简直就像一张复杂的地图，描绘出一条私密、混乱而曲折的小径，来穿越自己味觉神经的丛林。她无法抵挡内心涌动的想法：她必须保持镇静，不让旁人看出自己的踌躇不决，沿着这条小径杀将过去，到达目的地而不被绊得头破血流。

烟熏三文鱼

不行，错误的选择。选了这个，她肯定会跟着吃光那些小煎饼和酸奶酪。她的贪嘴将在臀部留下印迹。

那个坐在她对面的男人意识到要成为这个城市的女人有多困难吗？答案几乎是否定的。不过她不想这么快就下结论。她接着研究菜单上的前菜部分。不着急，她在巴黎，她自己的地盘上。

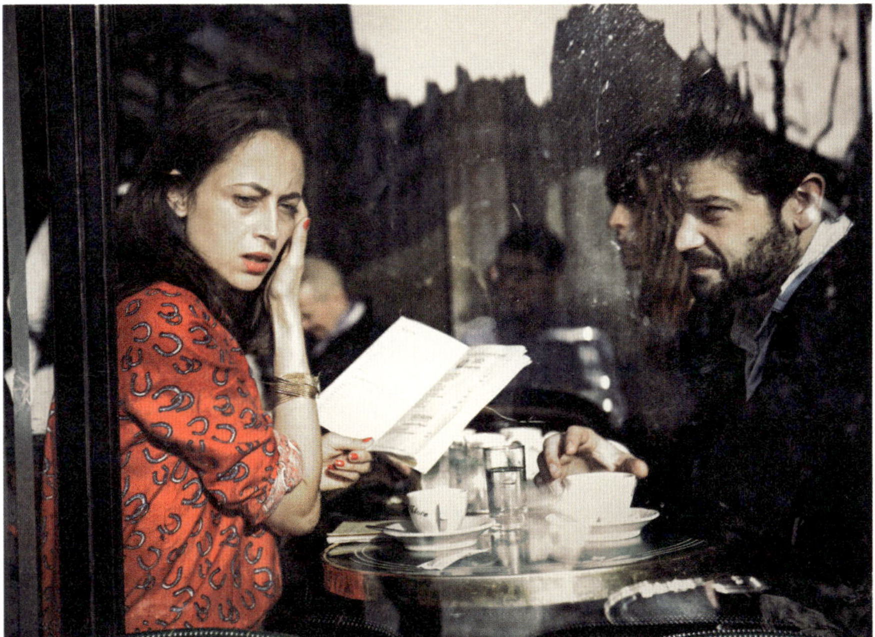

扁豆沙拉

首次约会的问题在于她的每一个举动都带着某种含义。他仔细地观察着她，像是拍电影，镜头永远忠实地记下她的每一个动作：她是如何在那巨大的手袋里丢失了她的手机，又是如何在寻找这只手机的过程中丢失了她自己，还有那个让她即使坐在他对面也忍不住要听一下的电话留言。他分析着她：丢三落四、一点点精神紧张、社交强迫症。可能他感觉到她作决定的艰难。但她还不想过早展现她正默默进行的战争。将来有一天，他会发现每天早上她都会困难地选择，但现在，他必须相信她曼妙的体形完全缘于上天的恩赐。或许应该选一份真正的食物，给他一个自己是个吃货的印象，这样能令她看上去很享受生活。

油封鸭腿？

她的手指，神经质地顺着这张倒霉的菜单又滑过几行。她还是没有找到胜利突围的途径，开始生起自己的气来。在这露台上，时间飞逝，邻座食客从她身边挤过，侍者也过来了，她知道自己必须作出决断。所以她决定以勇气来面对危险，作出大胆的决定。她作出了独特的选择：

"威尔士干酪。"她说。

她具有冒险精神，而且愿意自豪地展现出来。她明显表现得异于其他女孩。她觉得她展现了自己勇敢的一面，掷地有声，就像拿出一只奖杯。她以一种轻松的方式读出一个外国词，让人感觉这是自己经常的选择。她希望侍者不会挑她发音的刺，拆穿她的小把戏。坐在她对面的男人抬起头来，露出一丝讶异，她喜欢这种效果。当然，她根本不知道自己点了什么。菜单上有一行小字："此特色菜由切达奶酪、啤酒和吐司面包做成。"内心里她对自己暗笑：绝对无法吃的东西。无所谓，她会不停地同他说话，让他没机会注意到自己一口都不吃。然后侍者转向那个男人。

"一式两份。"他说。

一下子，天塌了。不会吧，一只盲从的羔羊，这么无聊。突然，她睁大了眼睛，意识到在过去的半小时里他的谈话是多么无趣啊。她知道自己将吃两口那难吃的东西，然后找个借口提前开溜。她将永远不再见他。再见。

17

关于幽默的
严肃讨论

没有什么比解释什么是幽默更难的事了,而且这种解释也很无聊。幽默是一种独特的东西,有它自己的颜色和文化。

如果你一定要讨论巴黎人的幽默,可能你不得不认为它属于充满反讽的冷笑话那一类。它满是快乐的绝望,像悖论似的,钟情于那些展示生命和爱情的平凡(但同时两者又都值得珍惜)。常见的幽默题材包括男女间的关系,尤其是带点颜色的,以及两性间力量的平衡。主题往往跨度很大,碰触一些禁忌,但又不太过分,它不会堕入单纯的"笑话",但又无处不在,无时不在。带有一点点歧视,常常以自嘲的形式表现。事实上,说说自己最窘迫的糗事往往被认为是有品位的幽默。把自己的倒霉事和尴尬经历拿出来让朋友们开心一下是巴黎人最喜欢的运动,除此之外,他们似乎也没有什么别的运动了,毕竟笑自己总比哭有助于健康(尤其是在缺乏其他运动时)。

"你愿意做我的第一任太太吗？"

——法国著名电影导演萨卡·圭特瑞

巴黎女人的颜色拼图 冬天

斜纹棉布笔记本	夜晚的屋顶	晨雾	新桥云雾	厚披肩	早餐桌	
穿紧身裤跑步	石板屋顶	古龙水余香	冻住的雕像	卢森堡花园中的长椅	新写的日记	
泛滥的塞纳河	漂亮的丝头巾	冰糖栗子	柔软的毛衣	阵雪	重修过的壁雕	
胜利广场	旧巴黎地毯	两杯热巧克力	指甲油残迹	永远的雨	灯柱	
毡帽	湿滑的人行道	烟囱帽	镶花地板	檀香蜡烛	锻铁	
玫瑰马卡龙	影院座椅	公园空旷的长凳	摇滚歌曲	世界日报	寒冷的蒙马特区	
周日赖床	窗外	卢浮宫	凶猛的约克夏（小猎狗）	保暖T恤	领带	
白汁小牛肉	牡蛎	一杯波尔多红酒	床上夜读书	天堂路	舒服的热水澡	

巴黎女人的颜色拼图 夏天

一晌贪欢	公车上的陌生人	爆笑	鲜榨橙汁	阳台看客	去年夏天的小衣服
高跟鞋	咖啡馆露台	自行车座	屋顶	无眠之夜	城市阳光浴
巴士底日游行	排云	救火队员的舞会	乘坐大转轮	脚指甲油	一杯粉红葡萄酒
弗朗索瓦丝·萨冈的小说	恼人的雨	自行车远足	一捧牡丹花	毕加索博物馆	草莓浓汤
马赛皂	马鞭草冰淇淋	新浴衣	衣橱里的新发现	永远的塞纳河	摄影展
布洛涅森林	裹裙	眼影	漆皮芭蕾平底鞋	花香鸡尾酒	办公室的一天
薄荷茶	熟透了的甜瓜	抹在皮肤上的香根草味道	音乐节	蓬图瓦茨的游泳池	在圣日耳曼德佩吃早午餐
尼古斯沙拉	漂亮的水手帽	微笑的巴黎人	膝盖淤青	暮光	茴香酒里的茴芹

那
—丝
淡淡的
忧愁

她是巴黎女人，因此她是忧郁的。她的心情随着她城市的色彩变幻而变化。她可以感受到突然袭来的悲伤或希望，却没有任何缘故。一眨眼的工夫，那些逝去的回忆甚至气味涌上心头，让她想起那已离去的爱人和飞逝的流年。

这些心绪持续时间并不长，却能在那个瞬间让她从现实中迷失，露出那不时出现的出神和迷茫的表情。

她坐在餐馆里，并没有等任何人，她的书摊开在桌上，目光却投向远方，周围的一切对于她只是一片模糊，甚至连邻座的笑声对她来说也是充耳不闻。

在出租车里，她静静地看着周围变幻的街景和快乐的人群。她叹一口气，要求司机把音乐调响，好赶走她脑海里纷飞的思绪。

清晨，当人潮涌入地铁站时，她却是默默走出的孤影。她头发略显凌乱，还戴着昨晚的首饰，回家的路上，她伤心欲绝，却永远不会有人知道是为什么。

有人在同她说话，她却听而不闻……她脑海里所浮现的是带她重回那遥远的童年时光的一丝若有若无的蜡烛燃烧余香。

在夏日黄昏，她尤其敏感。她感物伤怀，黯然无语，独自躲在卧室里，直到日落最后的余晖完全隐入黑夜。

不是
好妈妈

实话实说，巴黎女人是自私的。当然，作为母亲，也充满爱意，但不可能忘我。在巴黎，你找不到圣母，那类具有牺牲精神的母亲，其生活就是为一家老小烤牧羊人馅饼。巴黎女人并不因为孩子的出生而消亡。她不会因为有了孩子就放弃自己的少女生活、携友夜游、狂欢派对，甚至因前晚的疯狂而带来的来日早晨的倦怠。她不愿意放弃任何东西，但同时又想做个好妈妈。她想亲自教育孩子，看着他成长，言传身教，教给他自己的价值观、文化和人生哲学。**但一个什么都不愿放弃的女子会有什么样的生活呢？混乱——一片狼藉**。混乱的持续存在甚至已经变成一种新的秩序。大概这就是巴黎母亲的教育准则了。她的孩子不是小皇帝，而只是她自己生活的附属。但同时，她的孩子又在她的生活中无处不在，永远跟着自己，他们一起倒也享受了很多珍贵的时刻。他会和她一起吃午饭、一起购物，然后一起听音乐会或参加派对，在那里倒在沙发上酣睡，她会满怀内疚和柔情地看着他。她的孩子也会上学、去公园、打网球、参加运动队或者学英语，有时甚至同时进行这一切。这类分属两种年龄的活动，在别的地方都是严格分开的，在巴黎却成为变成常态的例外，孩子严格的时刻表常常被那些娱乐时光打破。一般来说，母亲和孩子倒都不会抱怨。将来，他们还会珍视这些共度的时光、在这里或那里匆匆进行的对话、他早早就已经瞥到的将在不久的将来等着自己的快乐成人生活的一角。按巴黎女人的说法，这种生活乐趣是激励孩子成长的最佳方式，而且也让母亲们继续享受她们有孩子以前的生活方式。

如何接电话
——他终于来电话了

电话铃响起,她接电话。

巴黎女人让电话铃接着响。(她并没有坐在电话机边等电话。)

听到他的声音时,她故作惊讶状。(她并没有期待他的来电。)

她问对方是不是可以过五分钟再打回去。(她正忙着。)

事实上,她现在和别人在一起……(等等:谁让你叫她等那么久?)

招牌物件的价值

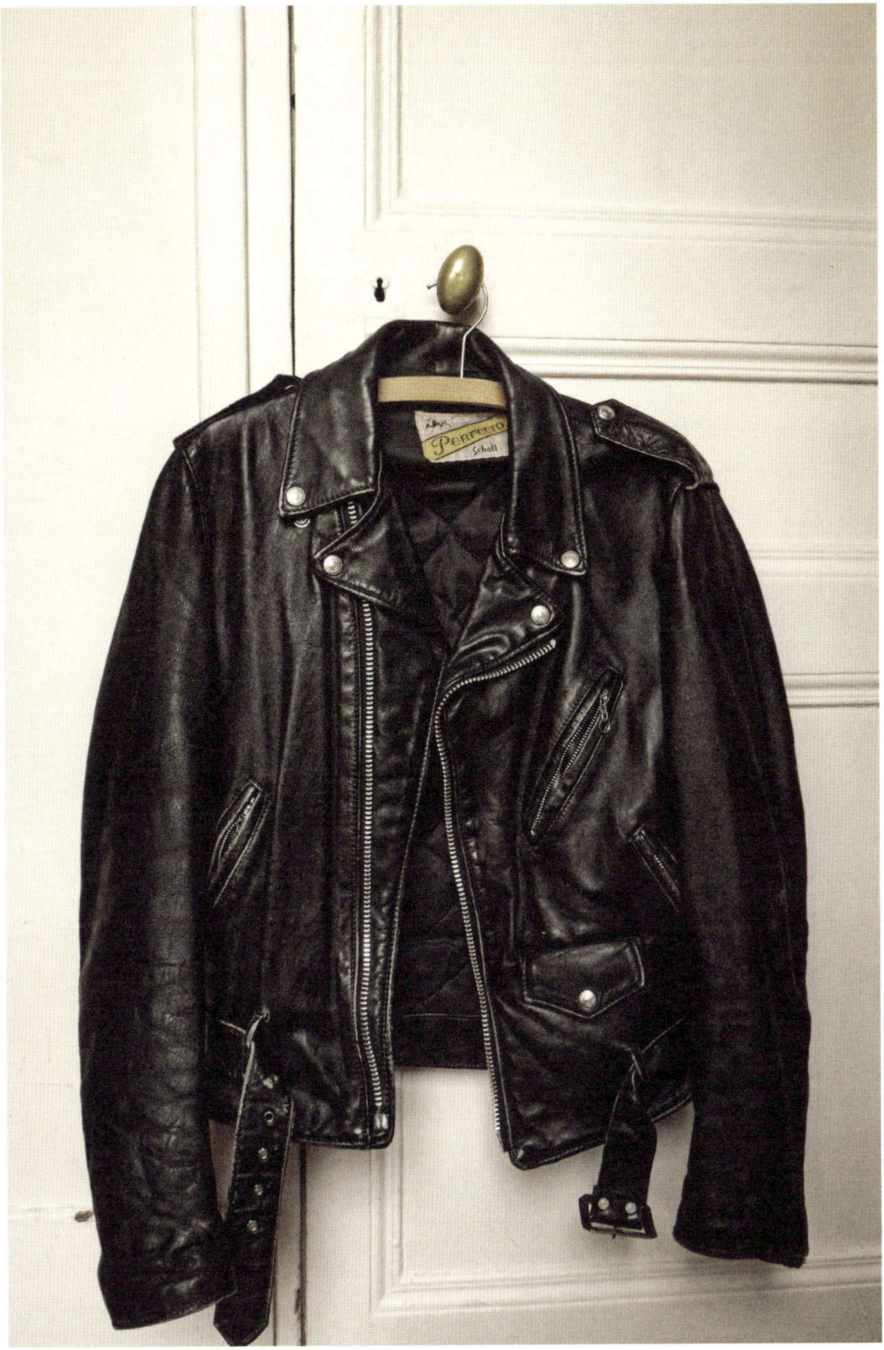
Perfecto
Schott

巴黎女人的招牌物件是能让她的服装从上到下合为一体的关键细节。

你不必花十年的薪水买衣服，或者时时炫耀你的满身名牌，你只要一件招牌物件：那件你需要霸气时穿戴的东西。

并不是每个巴黎女人都有一个祖母可以打开自己的衣橱告诉她："亲爱的，随便挑！"远远不是这样，但没关系，巴黎女人都是淘便宜货的高手，不论是在跳蚤市场还是在eBay。她从那里淘到完美的招牌物件，可以穿戴一辈子。

风衣也好，高跟鞋也罢，或者是皮包，这个招牌物件肯定是昂贵的，好好护理它们，但最重要的是，穿它，戴它，用它。和牛仔裤、平底鞋或夹克衫混搭也没问题。确保你其他的衣物风格简单，你不想把自己打扮成圣诞树吧？

记住，你那招牌物件在你身上必须画龙点睛：它完美地绕过你的肩膀垂下，能使你的每个动作轻松而优雅。编织精妙、做工考究——但绝对不要花哨俗气或喧宾夺主。

招牌物件不会过时。它应该永存。它应该可以超越流行时尚。它是隐蔽的——那些字母（两个C，一个巨大的D，Y、S和L的组合之类）属于验光师的视力表。对于巴黎女人，奢侈绝对不要外露。

招牌物件是一个女人考虑了自己的年纪、品位和钱包大小后给自己的礼物。它是独立和自由的象征，宣示"这是我自己买的。是我自己努力的回报，能让我快乐"。

招牌物件是一种态度，是你放在枪套里的手枪，让你感觉自己穿着完美且立于不败之地。

自然之美

要解释什么才是那神秘的自然几乎是不可能的任务，因为，事实上，没有什么东西是纯粹自然的。巴黎女人会让你坚信她们生来就有完美的肌肤和讨人喜爱的乱发，从在摇篮里开始她们身上就自然散发出香奈儿五号的香味。这些"自然"的传统显然是不证自明的。

那些都是谎言。

自然之美其实来自不懈的努力，而且一代一代仔细传承。带来的是一系列非同寻常的细节，其主旨可以归纳为：如何仔细打理你自己，以给人感觉你并没有仔细打理自己。这就是美化的艺术——巴黎女人的方式。

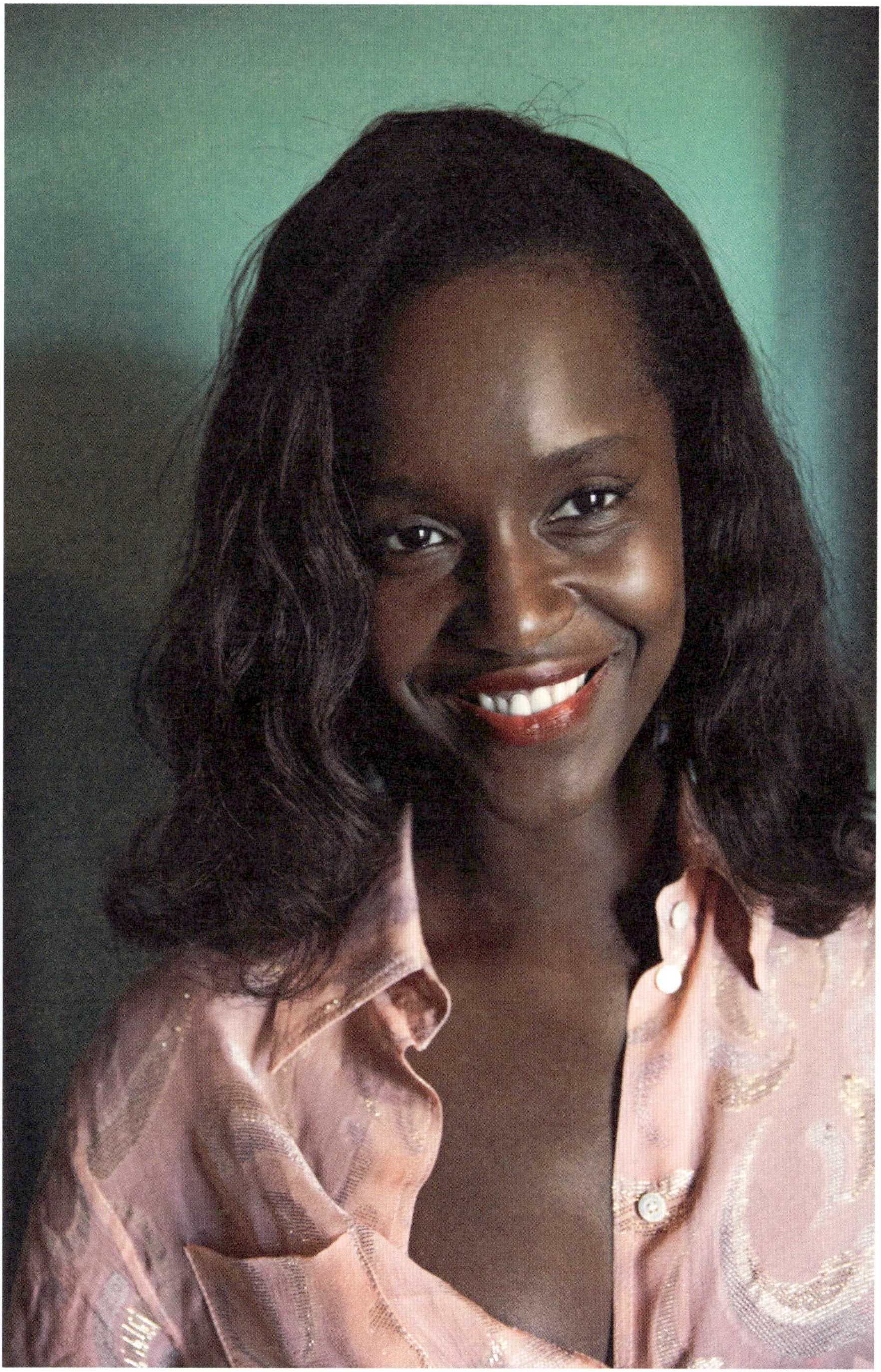

美发宝典

巴黎女人最具代表性的特点之一是她的一头美发。有几个特点可以让你一眼就能看出巴黎女人的头发。她的发型绝对不会是"完美"的，她很少会弄爆炸头发型。根据不同年龄，她会有意引入一些微小的凌乱来打破过度的整洁。但不要误解，这是故意引入而且严格控制的混沌。

怎么做： 不要染发，一定要染的话，选择你的本来颜色来加强你的发色色调，或隐藏白发。这是一条几乎所有巴黎女人都遵守的规则：保持上天为你选的发色。

不要用电吹风吹干你的头发。（说实话，你还是直接扔掉你的吹风机吧。）用两种更环保的方式来干发吧，夏日的清风和冬夜的毛巾。如果可能的话，在晚上而不是早晨洗头，以避免顶着湿漉漉的头发出门。

其实枕着略潮的头发睡着会在第二天醒来时给你带来更有趣的发型。没必要每天洗头，实际上洗头后次日（甚至是第三天，取决于你的发质），你的头发才获得足够的重量，能让扎起的发髻尽善尽美。

没必要装饰你的头发：如果过了十八岁，就不要再用发夹和发带了，也不要用其他装饰性头饰和珠宝。

当面部已经被岁月摧残得越来越凌乱时，你需要更简单的发型来平衡。

感谢老天，我们有夏天，当头发混合着海水和阳光，实现那简单的完美：一点点凌乱，一点点轻盈，还有一点点咸味。

还有，当然，发际里、耳朵后或颈上那一点点香水，更是让你锦上添花……

关于整容手术

巴黎女人不做整容手术，因为她们相信你需要知道如何坦然接受当年你母亲花费那么多精力和爱心创造的你自己的身体。不仅仅是接受，而且要通过自己最热情和挑剔的眼光审视和拥抱它。当然，这是她们想让你——以及她们的男人们——相信的。事实却不是这样。

直到最近，在法国整容手术还是被认为是两种令人担心的深层病症的表象：意志不坚和抑郁性狂躁。感谢上帝，时代在发展，如今巴黎女人也在她们的身体和脸上作修补。但也不例外，她们以自己的方式进行，也就是说，遵守一些自己的规则。这就是现代化吧。

怎么做：首先，先集中一个部位，做一个手术。选那个你最不满意的部位。不管是你的鼻子、嘴角、胸部或肚子……接下来，针对与岁月在你脸上留下的皱纹作战，尽量延迟，直到你实在无法忍受。在法国，很少有三十五岁的女子接受整容手术。一般到了四十岁，她们才开始战斗，通常从玻尿酸和肉毒素开始（对后者，你一年最多做一次，不然你就要冒被发现的危险）。耐心等待后，由于前面那些小手术的帮助，五十来岁时才需要做第一个小的拉皮手术，消减眼睑、眼袋或嘴角周围的皱纹，然后到六十岁，你可以考虑做个整体"小拉皮"。

和在有些国家一样，做不做手术还表达出财富的多寡。手术成功与否在于手术是否能让人"看出来"。事实是，在巴黎，你不会谈论这些，不会告诉别人你做了美容手术。另外一个要点是避免那种可以把你变成雕像般完美或芭比娃娃般可爱的变形手术。

关于皮肤

皮肤应该表现自然。雀斑就像春天里第一束阳光一样可爱，不必隐藏。有时候，当你撒谎时脸会发烫，当感受威胁时，你的脸会变红，你不应该盖住自然的肤色而隐藏你的情绪。仅仅是因为这个原因，皮肤应该被露出和展现。

怎么做：法国女人不用粉底，在她们看来，这简直就是裹尸布。它消除个性，因此被鄙视。有那么多其他人工手段可以不被注意地取代粉底。不被注意，但有效果——不就是修饰嘛。就像画家在作画前会"预处理"他们的画布一样（这种预处理的方法和配方各画家各有不同并严格保密，往往他们死后也就失传了），你脸上的皮肤也应该像画布一样需要预处理。

像那些专业人士一样，先用乳液来滋润和匀化你的皮肤。然后用遮瑕膏（比如圣罗兰的明彩笔）或BB霜来隐藏那些小瑕疵（眼袋、鼻翼、粉刺）。如果你真的离了粉底就没法活，至少也要把它和乳液混在一起用，减轻它的效果。

照顾你的手足

即便巴黎女人在其他地方往往显得漫不经心，但她对宇宙里最重要的女性象征的原则还是敬畏的，那就是保养良好的手足。这些保养包括哪些呢？短而干净的指（趾）甲，有时会涂指（趾）甲油，但也可以不涂。原则是简单。事实上，法国的美甲业令人不解，它和其他方面的法国式高雅完全相反。巴黎女人从来不能理解美甲，也从来不用。用这种东西就像是公开宣称自己花费时间和努力让自己变复杂。

在这么多琐碎之后，巴黎女人有意保存了一些不完美，甚至珍视这些不完美（微笑时的皱纹、略不整齐的牙齿、突出的眉毛或大鼻子）：这些特点揭示了她的某些性格特色，即便不完美，但依然能感受到自己的美丽。

公开的*私密*

一个巴黎女人永远有足够的理由坐在公园长椅上:

她有很多时间要消磨,因为那个会面她提前到达了,却不想过早出现;

她需要翻翻她的包好找到她的手机,然后是她的车钥匙、车库门遥控器、房门钥匙——终于都找到了,但这耗尽了她的精力,她决定不用那么着急回去,先歇会儿;

她决定离家出走,并且在身后用力摔上了门,她是认真的!后来她想不起来接下来该去哪里;

她想和一个男人接吻,但还没想好是请他上楼进房呢,还是如果接吻感觉不好的话就以此结束呢;

她奋力跑了一百米还是误了公车,现在需要在从事了这预期外的体育运动之后把气喘匀;

她需要打个电话,可不想让家里人偷听到;

她想读本书,而且想被别人看见自己读这本书;

她想预习一下有一天自己变成老人后在巴黎的生活,那时没有了更好的伴侣,只能和鸽子们说说话。

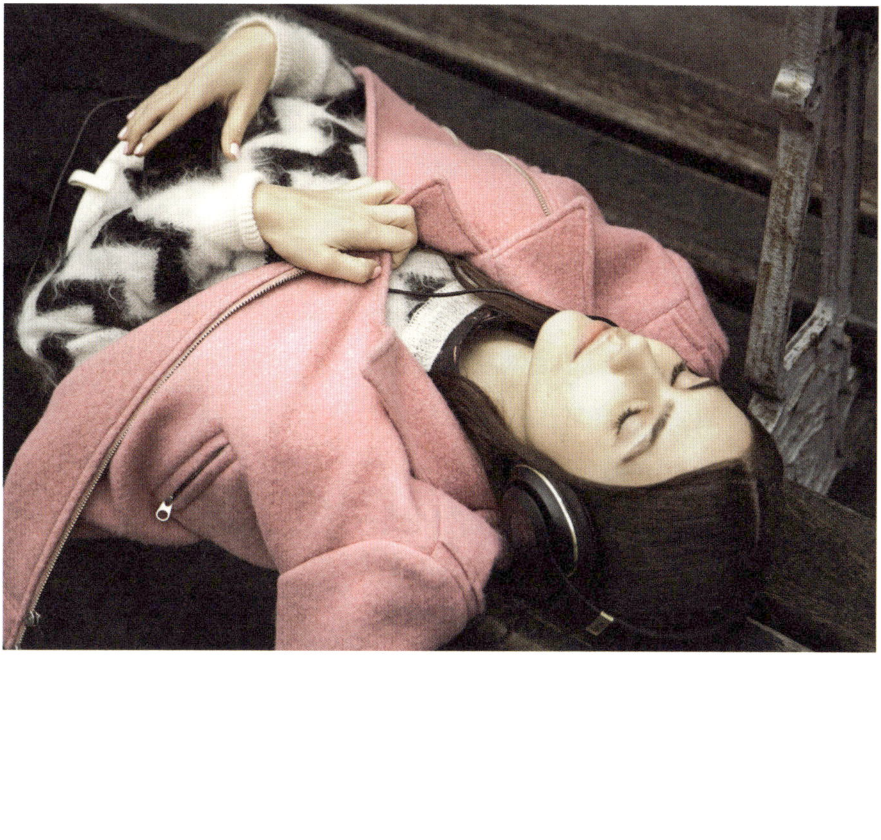

禁忌

每个部落都有自己让其他地方的人们抓破脑袋都难以理解的规矩、仪式和习惯。巴黎女人也不例外，而且更严格地遵守她们的传统。那些禁忌，无论是内在智慧上还是外在服饰上，都要严格遵守，不得违反，否则就会被认为是巴黎人所谓的"土豪"（见"你需要了解的十五个词"）。

在聚会上问人职业。* **还有比这更糟的，就是问人挣多少钱。*** 在客厅展示你的结婚照。* **拿着与衣服同一颜色的手包。*** 过于洁白的牙齿。* **修眉过度。*** 和你的孩子做"朋友"。* **炫耀你有钱……*** ……吝啬。* **以"一次经历已经够了"为借口举止不端。*** 丰唇。它让你看起来像只鸭子。* **过于打扮自己。化太浓的妆。*** 故意寻求他人的赞美。* **用职场现代火星文，哪怕别人都知道意思。*** 头发上有两种以上颜色。* **过于在意自己。**

安全包
以防万一

巴黎生活场景 1

_OF COURSE I'M DYING TO SEE HIM AGAIN.

_DID YOU GIVE HIM YOUR NUM83R?

_No when I left I just said: "We'll meet again..."

- What?

- TRUST ME:
IF A MAN WANTS YOU
HE'LL FIND YOU

BUT YOU DIDN'T GIVE HIM YOUR NAME!

| 2 |

拥有你的坏习惯

是的。
不，不是。
不对，是的，是的。

* 她对谁都打招呼，**却不想与任何人交谈。**

* 她吃比萨饼要加四倍量的奶酪，**却在咖啡中加甜菊糖。**

* 她买巨贵无比的鞋，**却从不上鞋油或保养。**

* 她看上去无坚不摧、百毒不侵，**但失恋时彻底崩溃。**

* 她费时费力涂上趾甲油，**却穿着不配套的内衣裤。**

* 她一路像烟囱似的抽着烟去乡下，**为了呼吸新鲜空气。**

* 她在晚上喝伏特加，**却在早晨喝绿茶。**

* 她不信上帝，但在倒霉时祷告求助。

* 她是个环保主义者，但有时却骑着摩托只为了买一个面包。

* 她是女性主义者，**却看色情片。**

* 她可以移山填海，却永远需要别人认可。

* 她知道她的那些缺点影响了她的生活，**但做出改变实在太麻烦了。**

秘笈：让他认为你不是剩女

从以下菜单中选择：

* 给自己送花，然后谢谢你的男友温柔体贴、考虑周到。

* 存上你姐妹的电话号码，不过换个男人的名字。

* 作神不守舍状：斜坐窗前，目视虚空。

* 常常无缘无故地哭一场。

* 别接他的电话；但给他发热情洋溢的短信。

* 频繁洗澡。在洗手间多待一会儿。

* 给自己买些新内衣，或者开始抽烟也行。

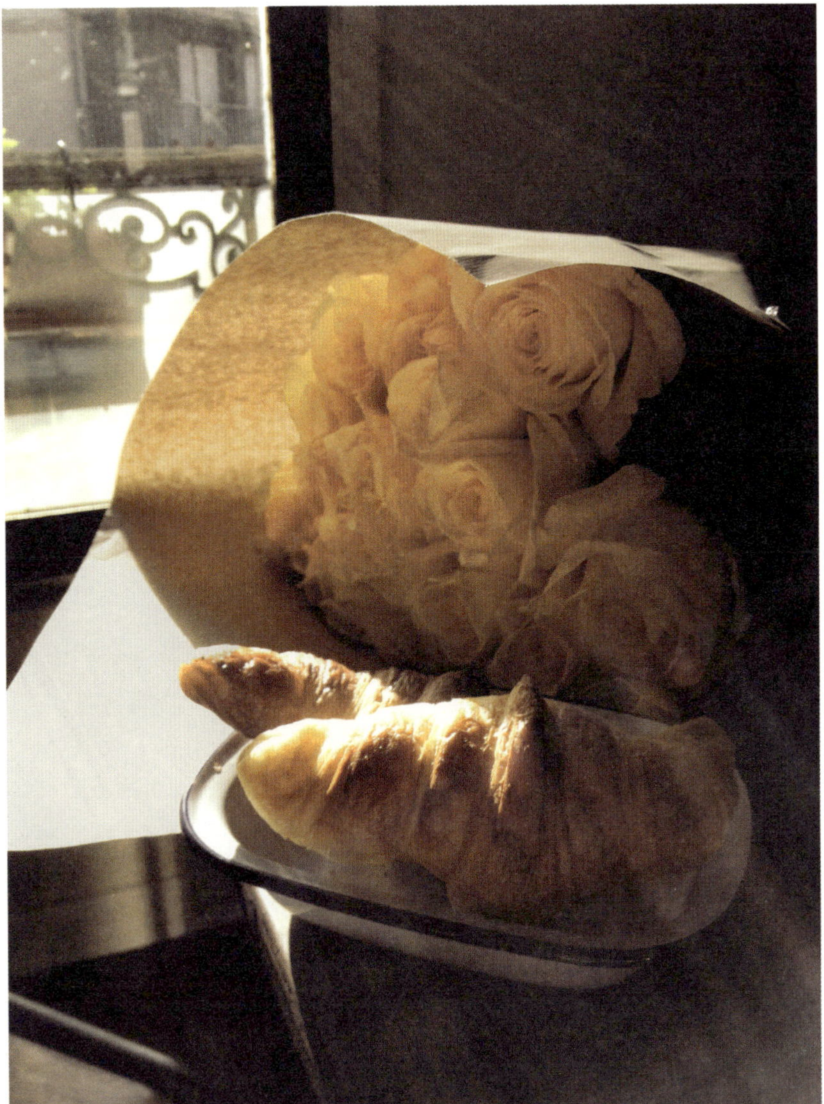

她自己的驾车法则

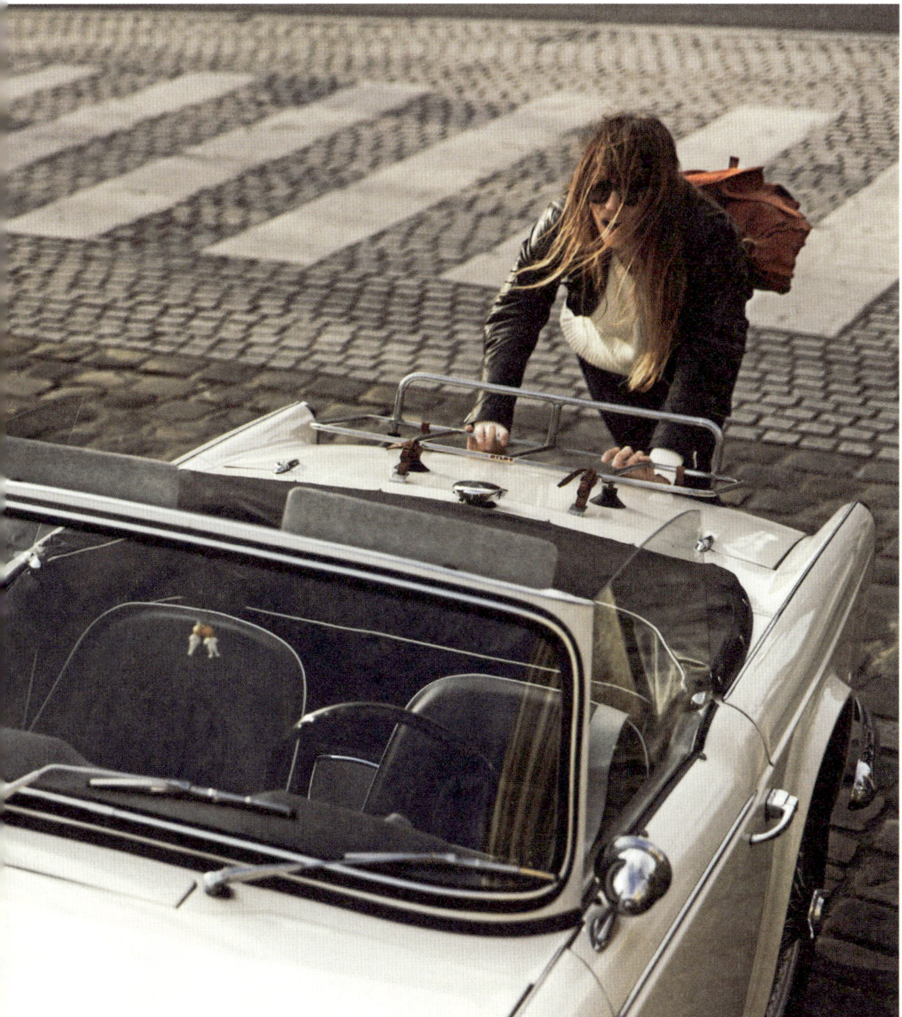

关于开车，巴黎女人只遵守一条规则：好司机得胜。

时不时地，因为男女平等的缘故，她会切男司机的车，来证明她也有勇气。

坐在方向盘后，她忽然学会了手语，不时地伸中指以示愤怒。

她永远不浪费时间找停车场。相反，她随心所欲地下车办事，好像哪儿都有代客泊车，但吃到罚单就像是受了宗教迫害般委屈。

当被警察拦下时，巴黎女人就开始哭泣，甚至还来不及递上驾照和行驶证。

大多数时候，警察会放她一马，原谅她的小错误。警察好像是她的眼泪能打动的唯一一类人。

但如果是女警察，她的眼泪就没用了。巴黎女人或许只能大声嚷嚷以示抗议，结果换来驾照上的一堆扣分记录。她诅咒自己被女人抓住的坏运气，却不对自己占用公交车道的行为作出反省。

她喜欢绕小路以躲开堵车。常常为此浪费更多时间，她却毫不介意，因为她感觉自己掌控了整座城市。

她车里有一些奇怪的东西，比如副驾驶座位下的字典。

骑车人让她怒气冲冲。不完全是因为他们给她带来了自己污染地球的内疚感，还包括提醒了她好久没有去健身房锻炼自己的大腿肌肉了。

她有过在狭小的汽车里做爱的经历，也吃过在激烈运动中膝盖撞到手刹的苦头，但这不妨碍她再次车震。

当她要迟到时，就在车里化妆。后视镜也是镜子，不是吗？

有时候她声嘶力竭地跟唱那些老歌，那些除非一个人在车里时打死也不会唱的歌。

仪表盘就是她手袋的延伸——散落其上的东西应有尽有，简直就是垃圾堆：犯罪小说、好久以前的工资单、口香糖、充电器、枯萎的玫瑰……作为一个整体，它们就像是一段日记，或者迷幻艺术，展示于世，令人景仰。

当油箱已空的警示灯亮起时，巴黎女人是不会停车加油的。她喜欢玩她自己的俄罗斯轮盘赌：能撑到目的地吗，还是撑不到？

亲一个

谈到接吻,和其他所有行为一样,巴黎女人喜欢电影效果。最佳接吻地点当然是在大街当中。城市成为她的舞台,而每次接吻对于她都像是一生一次的演出。她希望这是难忘的一吻——既是对那个和她唇来舌往的他来说,也包括正巧经过的路人。和所有优秀女演员一样,她完全沉浸在自己的角色中,甚至希望当她的这一场景结束、大幕落下时收获一轮热烈的掌声。当然,自己几乎无法呼吸。

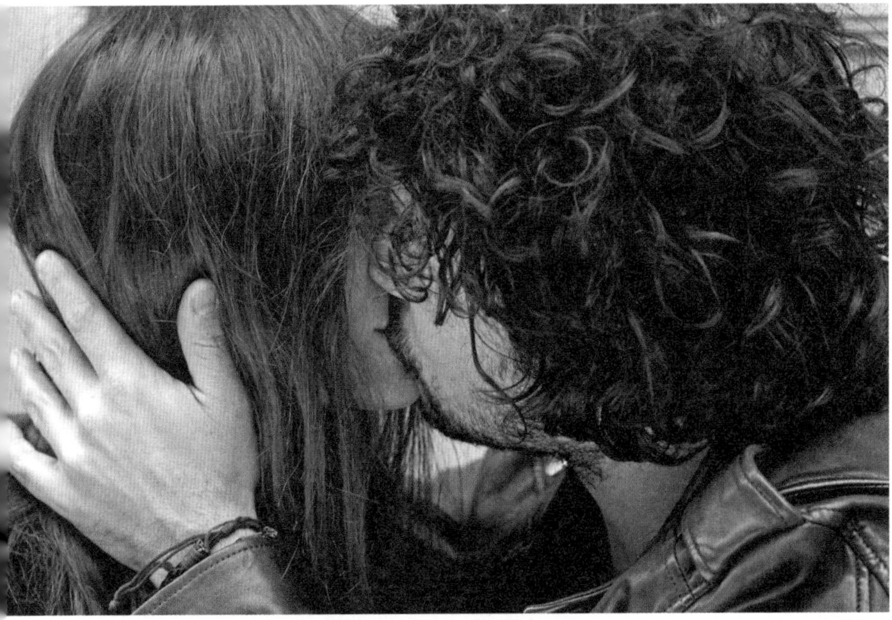
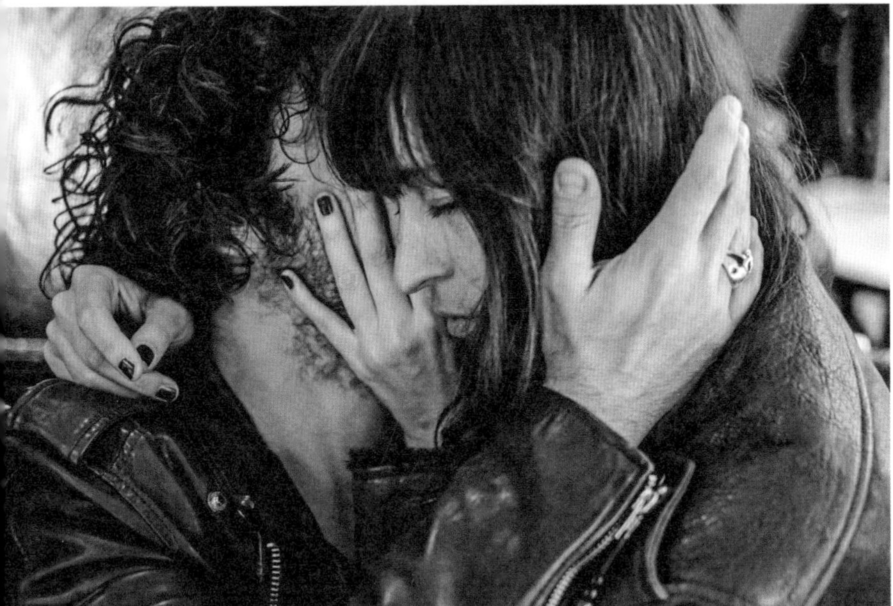

准备
晚餐派对

幕后花絮

向可可·香奈儿学习，尽一切可能，不要举行一张桌子上超过六位以上客人的晚宴。在巴黎，一个成功的晚宴永远是从带冰块的香槟（所谓"游泳池"）开始的。如果可能，以一个争议性的政治话题开始对话。

比如：

—— 事实上我们正面对着阶级斗争新的演变。现在不再是劳资冲突，而是移民冲突。到最后，实际上是穷人和穷人之间的冲突。

—— 资本主义的发展已经实现了它的目标，也就是工人们已经不再和他们头上的阶级斗争，而是转向他们底下的阶级。由始至终，马克思还是对的。

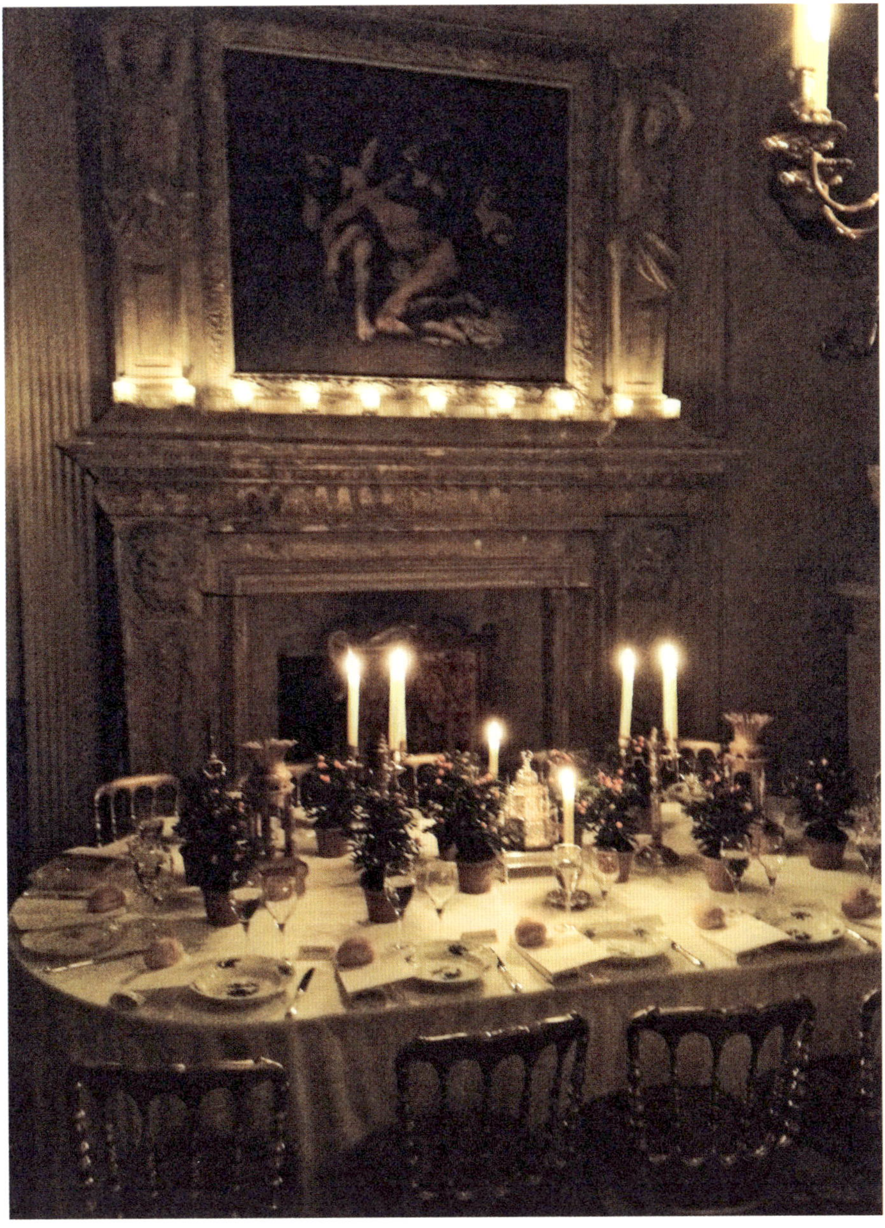

—— 你不知道自己在说什么——你只不过是人云亦云，说一些你自己都不真正明白的话题来博眼球而已。

—— 好吧，那请您向我解释一下左派和右派的差别吧。

—— 很简单！右派就是，如果每个个人成功了，社会就成功；而左派就是，只有社会成功了，每个个人才能幸福。

等到客人们不再争论，对话渐渐平息，在话题转到小孩上之前，女主人应该提醒客人们入座。

她没有准备前菜，直接开始主菜吧。不管怎么说，她并不是一整天都无事可干的。

关键点在于她不必成为超级大厨，而是能完美地做几个菜。其中至少要有一个是很简单的，你可以在匆忙之间完成，另外要有一个很复杂的，开始惊到你的朋友们。

菜的分量要大，桌子应该装饰得很漂亮。别忘了放花。至关重要的一点，厨子千万不能表现出郑重其事或手忙脚乱——一切都必须看上去举重若轻，信手拈来。

柠檬鸡

材料

鸡 1大只，待烤

柠檬 2只

小块糖渍柠檬 1听

肉桂 少许以调味

洋葱 1只 以调味（可选）

酱油 2匙

食物量：4-5人份

准备时间：15分钟

烹饪时间：2小时

- 烤箱预热至350华氏度（180摄氏度）
- 置鸡于铸铁锅中
- 挤出柠檬汁（如果柠檬不是有机的，先用洗洁精洗净）
- 将一只柠檬的部分汁液淋在鸡上
- 将糖渍柠檬切半，将其和汁水加入锅中，倒入其余挤出的柠檬汁
- 将第二只柠檬剥皮，塞入鸡肚子内
- 将肉桂抹擦鸡身，可以在烤后形成褐色脆皮（不须用油）
- 加入切细的洋葱，如果你要加的话
- 在炉中烤2小时

- 1个小时后给鸡翻身,保证它两面都能烤到
- 45分钟后,翻回来,并抹上酱油

注意:不用加盐,因为糖渍柠檬的汁水里已经有足够的盐分。

当你的客人们开始品尝你做的鸡肉时,再次将他们的话题引到巴黎人第二热衷的餐桌主题:性。

—— 例如:我意识到自己喜欢在床上被他叫作"小贱人",但"荡妇"则不能接受。

—— 啊?我觉得叫"荡妇"也可以吧,取决于当时的语境啊。"小贱人"当然和单独的"荡妇"不一样,但"淘气的小荡妇"听起来就很甜蜜啊,我喜欢。

巴黎女人往往还藏有家里一代代传下来的菜谱,往往需要更多的准备工作,可能要数天之久。(提前两天购物,一天烹饪。)最重要的是别忘了说:"啊呀,没什么的啦,我只是随便做做而已。"绝对不要泄露你的菜谱或者告诉别人你在哪儿买的材料。

炖牛肉
提前一天准备,留出足够的时间去油。

材料

海盐和鲜磨胡椒

牛肉（最好是臀肉，如果没有也可以用腿肉或胸肉）3磅

胡萝卜 每人1根，多买1根备用，去皮，一剖四

大洋葱 1只 切成瓣状

蒜头1瓣，留皮

长芹菜茎1根，一剖四

香料包1个（含有芫荽、月桂叶、百里香）

胡椒籽1小把

大葱 4整棵，如果小，切半，如果大棵，切四

萝卜 每人1个，切半或切四

卷心菜 1棵 取心，切块

牛筒骨 每人1根（约1英寸半）

酸黄瓜 作为配菜

食物量：6人份

- 取一大号平底锅，加入冷水和盐
- 将牛肉放入锅中，加入胡萝卜、洋葱、大蒜、芹菜、香料包、胡椒和一些大葱叶做底汤
- 盖上盖子，文火烧开煮3小时
- 烧煮时经常检查，用勺捞去浮沫和油脂
- 冷却后放入冰箱过夜
- 第二天，刮去表面凝结的油脂，将平底锅置于炉上小火加热，在平底锅上放一蒸盘

·将其余的胡萝卜与萝卜放在蒸盘内加热15分钟,再加入卷心菜和剩下的大葱,再烧10到15分钟,不要烧过头——蔬菜不能烧软

·牛筒骨两端蘸盐后以铝箔纸包裹,每根一张

·另取一平底锅,加水,大火烧开,加入盐和胡椒,水开时加入筒骨,改文火,烧10分钟

·除去大蒜和香料包,将肉和筒骨放在一个盘里,蔬菜另放一盘,牛肉汤是另一道菜

·别忘了放上芥末和酸黄瓜作配菜

好了,性也谈完了,和甜点搭配的最好话题显然是关于出轨的。全世界都一样,每个人都有观点或经验可以分享,你可以确信没有一个客人会觉得枯燥。

—— 我宁愿我的男朋友去一夜情,也比他找一个红颜知己强。

—— 我同意。我并不会因为自己出轨而离开某人,但我会因为不再有爱而离开。技术上来说,性幻想也算出轨。

—— 但我一辈子都在性幻想啊。当我做爱时,我会假想我的拳击教练、我的博士学生,还有邻居……这只是我的想象而已,和现实没有任何关系。

—— 那不是我指的!我说的是每次和你男友在床上时都会幻想的同一个人……你看不出两者的差别吗?

有多少巴黎女人，就有多少种巧克力蛋糕配方。随你喜欢哪种——反正多少都是甜甜的、黏黏的，或者浓浓的——都一样。再也没有比美味的熔岩巧克力蛋糕更好的东西来陪伴那些关于不忠的八卦了。

熔岩巧克力蛋糕

材料

黄油 1条加1匙

黑巧克力 7.5盎司

鸡蛋 4只

糖半杯

面粉半杯

准备时间：15分钟

烹饪时间：30分钟加10分钟冷却

- 烤箱预热至350华氏度（180摄氏度）
- 隔水蒸巧克力和黄油使其融化
- 在另一个碗中放入鸡蛋、糖，用电动打蛋器打匀后加入面粉
- 将融化后的巧克力、黄油加入蛋和面粉混合物中
- 将混合物倒入中号圆形烤盘，先放入烤箱中以350华氏度烘烤30分钟，再冷却10分钟后即可上桌。保险起见，可以用刀插入后抽

出，如果抽出的刀身是干净的，就说明蛋糕烤好了。

巴黎女人的晚餐派对往往结束得比泡夜店还晚。激烈的辩论、气愤的声明、富有戏剧性的情节变幻……只要不让聚会平淡，什么都可以有。当然，这个夜晚最美妙的时刻尚未来到，那是留给客人们离去之后的。他们不会马上睡觉，而是要细细回味这个晚上。他们甚至等不及睡到床上，更不要说等到第二天午饭时的电话交流——一走出主人的房门，交流和评论就开始了。

—— 弗朗西斯和让·保罗看上去和好如初了。

—— 我知道，和他最好的朋友上床真的让他们之间增加了激情。

—— 你是说那个男的红杏出墙找了个男人？

—— 亲爱的，如果是反过来才让我惊讶呢！

—— 弗朗西斯真是个好主人。

—— 要不是看在她的面子上，我肯定要抱怨那瓶圣埃美隆酒里有木塞味。

—— 不是酒的问题——谁都知道不能以波尔多配炖牛肉——那会串味的。你说得也对，那酒是有木塞味。

—— 玛丽今天没喝酒,你说她是不是怀孕了?

—— 呃,呃,这个年纪?

—— 她看上去气色不好。

—— 亲爱的,你难道没有听说过我们终有一天要受病痛折磨?岁月不饶人。

—— 那个乔治,他永远那么神神秘秘,他是个作家,对吗?

—— 亲爱的,你上当了。他只是故意沉默,摆架子而已。像萨卡·圭特瑞说过的:"你可以假装严肃,但没法假装机智。"

—— 别那么刻薄,他可是凯瑟琳的失聪哥哥!

—— 不可能!我总觉得那是她编出来骗我们的,因为我们老说她有独生子女综合征。

晚安,我的朋友们。做个好梦。别忘了在睡觉前喝上一加仑水——这是防止宿醉的最好办法。

酷，
还是冷漠？

不要戴眼镜，特别是近视的那种，那样你就不用见到每个熟人都打招呼了。而且这会让你看上去比较淡然，这可是吸引男人的好招儿（不过会令女性疏远，因为她们一眼就看穿你了）。

受邀出席派对时，记得最后一个到，啜饮你的香槟，但绝对不要喝醉。

永远给人感觉你就像在注视落日,哪怕是在早晚高峰时的地铁里,或者在超市买冰冻比萨饼时也要如此。

打电话时，没必要绕弯子。"嗨，你最近怎么样？"不用。直截了当。当得到回答后直接挂掉。以"回见"结束所有的通话，哪怕那个人你一整年都不会见。

轻声细语，让别人靠过来才能听到你的话。看上去要神不守舍。引用名人的话，比如美国诗人格雷戈里·柯索的"独立街角，相约无人，这就是力量"。可以吐露心声，但也要有所保留。

当然，你有可能最后还是孤身一人。可能是那个你想让他拥你入怀的男人对你视而不见，却钟情于那个原本可以和你成为终生挚友的长相难看的女孩。如果事实果然如此的话，你就买张单程机票来巴黎吧。

她们的淡漠从哪儿来？

整个巴黎就是一个开放的博物馆，让游客喜不自禁，却让当地人烦恼不已。每一条街道都浸透了历史；每一块路砖都承继着传统。巴黎人祖先的灵魂到处游荡，透过天上的巨龙雕像俯视着我们，向我们提出严峻的要求："你们对得起巴黎人的称号吗？"这些小精致就属于那些仍在巴黎空气中游荡的祖先们。在路易十三和路易十四时代，一些宫廷女子开创了女性运动来对抗当时流行的厌恶女性的风尚。这些女子追求温柔和克制。她们只希望听到耳边甜蜜的细语——只有通过魅力进攻，靠机智和优雅赢得她们的芳心后，才能一亲芳泽。

作家玛德琳·史居里就是这场运动的领导者。她画了一张地图，描绘一个叫温柔国的想象中的国家。只有穿过那几个每一个都是对赢得爱人芳心的考验的小村庄，才能最终到达爱情城。从这些最早的女性主义者开始，巴黎女子就保持了她们标志性的冷静中略带疏远的淡漠。这是我们传统的一部分，和那些精巧布局的小景致或精致的古董五斗橱一样，代代相传。

即便是今天，温柔国的地图依然深藏在每个巴黎女人的潜意识和内心深处。她的人际交往的每一个层次都变幻莫测，可以在一秒钟内从热情似火换到冷硬如冰，也可以在一秒钟内从路人变成挚友。日久见真情，你需要默默的努力来培育感情的联系。虽然巴黎女人并不轻易施舍爱意，但一旦堕入情网，却的确可以天长地久，生死相依，如古语之所谓"指心为证，至死不渝"。

巴黎女人的清高

* 元旦前夜，在家享受一盘生蚝的美味，并在午夜前上床。（新年前前夜，也就是前一晚，你组织的聚会已经是"当年最棒"的了。）

* 在你坐下吃饭时绝对不要说"好胃口"。（另外不要直接递盐瓶，把它放桌上，等对方来拿。）

* 不要吃任何含洋葱或大蒜的食物。（你不知道今天结束前你会与谁接吻。）

* 当聚会正在最高潮时离开。（哪怕是你自己举办的。）

* 海军蓝搭黑色。（红色搭粉红，致YSL。）

* 初会某人时，别说"我很荣幸"，而要说"我很荣幸见到你"。（你不能预见未来会往哪里发展。）

* 说"追忆"。（如果你需要提起普鲁斯特的《追忆似水年华》。）

* 发短信时不要用缩写。（表情符只能发给你的女性朋友。）

* 别赶时髦。（让时髦赶着你。）

* 不要失去自制。（但要有狂放的过去。）

* 与不同代际的人交朋友。（包括年轻的和年老的，尤其是年老的。）

* 拥抱你的清高和势利。（因为让我们直面相对，这才是你。）

一日工作半日闲

她躺在床上。闹钟的铃声早已停歇,但她依然一动不动。她有一百个理由抓紧这宝贵的时间,显然她今天不想着急。上班的地方显然有人会等着她,她一边洗澡一边幸灾乐祸地想,这时才记起昨晚实在是睡得太晚了。一旦踏出家门,她就被外部世界的节奏包裹了。突然涌起的内疚感让她一路飞奔去赶公车。一路上,她都在绞尽脑汁地寻找理由,最近几个星期已经被用过的那些显然不能再用了。时间一分钟一分钟地过去,她的胃里翻滚着越来越强烈的焦虑感。当她推开办公室大门时,这种焦虑感让她脸色潮红、气喘吁吁、眼里泛出真实的泪光。居然没有人敢问她家里出了什么事,怕再次刺激这位一大早就满脸疲惫的女士。这导致了一个完美的恶性循环,那些望向她的同情目光令她的灵魂更为不安。

虽然人坐在桌前，手上在做着工作，心却不在那里。手指在键盘上飞舞，眼前却出现那张她昨晚没有上他家的男士的脸，他居然都没有吻她！她终于意识到那些幻想都是骗人的，自己居然会在意一个陌生人的冷落。当她的同事过来询问一个工作上的问题时，她答非所问，居然最后也蒙混过关应付过去了。但当那个坐在她对面的女同事指出这些破绽时，她勃然大怒，表现出不为人知的狂暴性格，惊到了所有的人，包括她自己。这一天剩下的时间里，没有人敢靠近她。自己冷静下来后，她收起了脾气，以向世界证明自己有存在价值的决心完成了手头所有的事。她关注于那个讨厌的谈判，因为自尊心而拒绝让步。当她离开办公室时，昂首挺胸，看上去就像从战场凯旋⋯⋯她甚至还在回家的路上喝了一杯，以犒劳自己一天的辛苦。

绝不承认

一个巴黎女人永远不会找太漂亮的保姆，她相信长相平平的才更能干。

她常常喃喃自语，带着假装的不安，说自己担心女儿"有些早熟"。这是她夸自己女儿是天才的特殊方式——当然她自己也是从她母亲这里继承了这个优点。

当她厌倦于某个晚餐聚会时常常以"女儿生病了"为借口逃席。然后又因此内疚，担心是不是有一天上帝真的让她的宝贝女儿生病来惩罚她撒谎。

她并不害怕换尿布，但从来不对别人提起呕吐啊腹泻啊这种恶心的细节。哪怕在儿科医生面前，她都不愿讨论这些东西。

她并不一定要母乳喂养——只有她愿意才可以。如果有谁想要告诉她要不要让孩子使用她的乳房，最好三思。尤其那个人是男人的话……

有时候她会让孩子睡在她自己的床上，特别是当所有的育儿书都警告说这不好的时候，因为她喜欢与众不同……

她用糖果来换取孩子安静的时间,这样自己可以和好朋友通个电话。

她挺喜欢自己小孩的几个朋友,但另几个在她眼里简直就是白痴。而且她毫不掩饰自己的看法——因为虚伪会给小孩带来坏榜样!

她可以花几个小时和她的小宝贝玩过家家,如果不必回到自己的成人世界赚钱养家的话,她不在意一直快乐地生活在那想象出来的世界里。

你的倒霉瞬间

* 你正在说某个女孩的坏话,情绪过于投入,一不小心选了她的名字,短信发给了她本人。

* 更糟的是,你打电话去道歉,但意识到对方根本不相信你的歉意,她之所以没挂电话只是为了看你出丑。

* 你已经第二次在聚会中邂逅那个帅哥了,他微笑着冲你打招呼:"嗨,安妮!"可你的名字是奥黛丽。

* 好容易有了一个求职面试的机会,可惜一坐下你的丝袜就破了个洞。你满脑子想的都是那个洞,结果你的记忆似乎也破了个洞。当然,因为你没得到那份工作,你的银行账户也破了个洞。

* 你为今晚的晚餐聚会精心准备了烤乳猪,忘了你的客人已经不吃猪肉。

* 你的手机闹铃居然在你上午十一点的会议中响了起来,提醒你吃避孕药。你所能期待的最好结果也就是那个坐在你对面的男人误认为这就是你每天早上醒来的时间。

* 直到第二天早上,你在某人身边醒来,才想起你还没有吃那片避孕药,因为你当时正在开上面所说的上午十一点的会议。

* 有一天你收到你老爸误发给你的原本要发给他情人的黄色短信,你才迅速摆脱了恋父情结。

* 喝了香槟。伏特加。香槟。伏特加。香槟。终于到了该喝咖啡的时间了。

* 那张你自己都不记得的尴尬照片,居然比你还早到办公室。谢谢你,Twitter。

* 忽然想起来是你自己发上去的。

* 你的收件箱里有四百五十六封未读邮件。

* 有一封猎头在去年就发给你的邮件,也在这些未读邮件里。你从未注意到。

* 居然是你的银行第一个给你打电话祝你生日快乐。

* 税务专员是第二个。他们商量好的吗?

* 约会之夜,你的屁股上居然发了一颗痘痘!

* 这些都不是你最自以为豪的瞬间,不过它们也很重要,能让你对自己不要太在意。

如何颠覆男人

她：

在最后一分钟取消约会，道歉，但不解释原因。

用五个或更少字描述自己的夜晚（"真的很开心"），然后直接上床睡觉。

用嘴谈论政治，但用眼睛谈论性。

在被问最近过得怎样时以警示性的诚实态度回答"很糟糕"。

在夏天真的不戴胸罩。

偷偷把手放在他的腿上，让工作会议变得更加有趣。

与其谈论性爱，不如直接得分。

穿高跟鞋下楼梯时直接挽住陌生人的手臂。

在他要账单之前就把单买了。

无缘无故地大叫："这是我这辈子过得最开心的一天！"

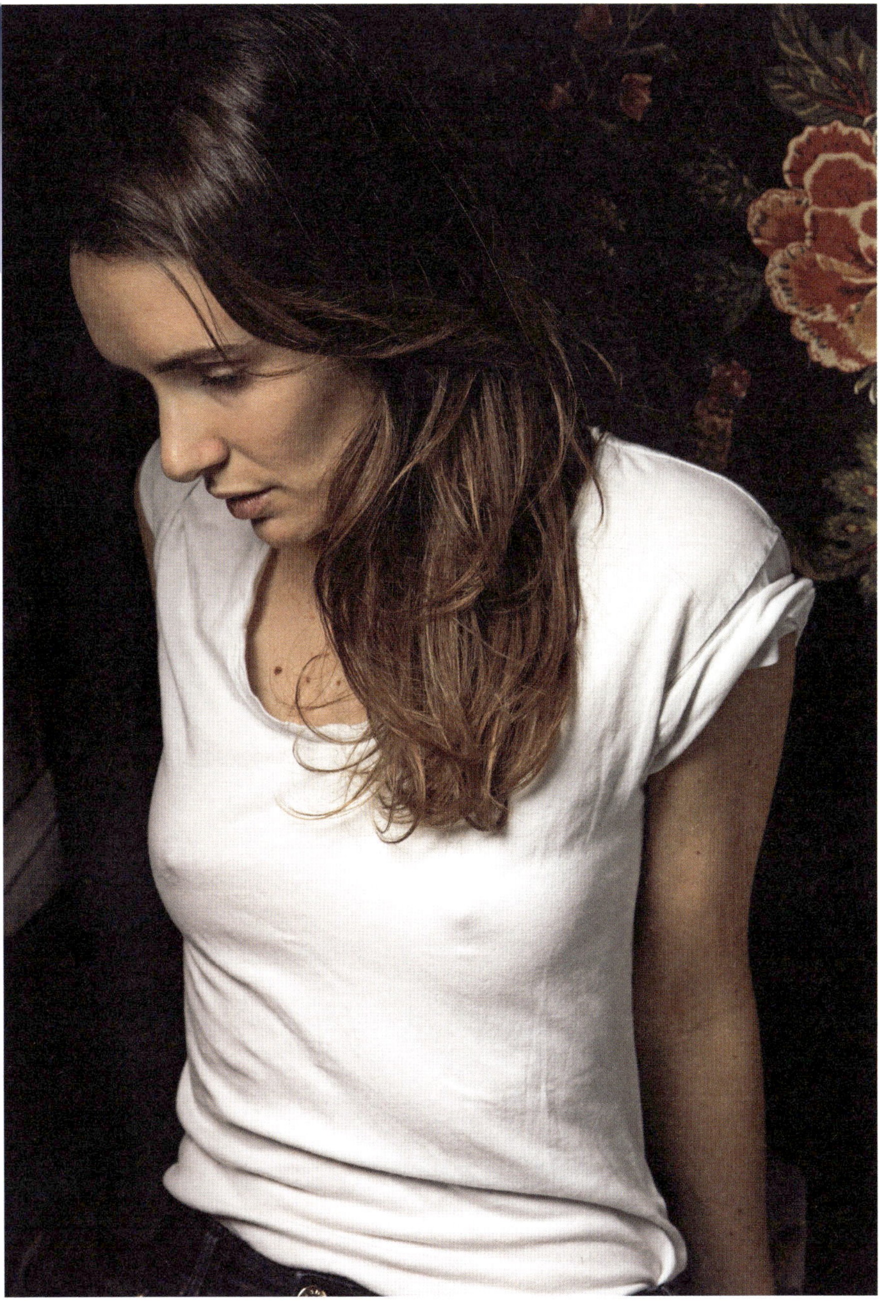

下午六点的挣扎：健身

这是一个以内心挣扎开始的故事。当工作日即将结束时，斗争开始了。"我真的必须去健身房吗？"一切都缘于上一次内心挣扎的结果，而那次导致她签了健身计划的斗争又是因为她和她妈妈共度了一个下午。她母亲曾经如此美丽(家庭照片里那长腿美女的优雅可以完全证实这一点)。然而，仅仅十年没有运动的时光就完全摧毁了上天给予她的美丽。那天下午，当她看着她母亲煮咖啡时因牛顿引力定律而带来的下垂的屁股和佝偻的脊背，她意识到发明了更年期的上帝显然厌恶女人。所以在那个决定命运的日子里，她做出了重要决定：是时候制定健身计划来打败她的遗传包袱和重力定律了。

带着满心的紧张和犹豫，她走进健身房，却完全没有合适的服装，穿着旧的康威运动鞋和运动裤，两者都是她从来没有穿过的。她签约了，把自己的名字写在了那永远存在的官方运动女孩名单上。进了这个巨大的建筑后，她更没有信心了，但绝对不流露分毫。她拒绝请教教练如何设置跑步机参数，结果以一种笨拙的速度开跑，摇摇晃晃地把一条腿伸到另一条的前面，就像一只鸭子，但在那十五分钟结束前，自尊心使她不能停下。她的喘气声暴露了自己毫不健康的三十年人生：香烟、酒精和长期睡眠不足。即便抽筋，她也昂首挺胸，像个战士。二十三分钟后，她自豪地离开健身房，发誓会很快再来。

那是在一个月前，从那天起，这份挣扎每天都在折磨她。**她想起了她母亲的背影和那健身房会员的价格，但似乎还是不够。**下午六点了，她感到一阵疲倦袭来，路边的咖啡馆危险地吸引着她。就在这时候，她的朋友打来电话，似乎是要考验她的决心。她知道她并没有太大的决心，而且内心深处，她也不觉得意志不坚是什么大不了的事。她在心里提醒自己明天去健身房。她诅咒母亲身体变形，让女儿几乎得了焦虑症（虽然万幸自己终于摆脱了这种焦虑）。晚上七点，她手捧一杯红酒，早已将健身丢在脑后。

巴黎生活场景 2

—BUT
YOU TOLD HIM
NEVER
TO CALL YOU
AGAIN!

I JUST CAN'T BELIEVE HE *ACTUALLY* LISTENED.

| 3 |

培养魅力

二十四小时的
美貌

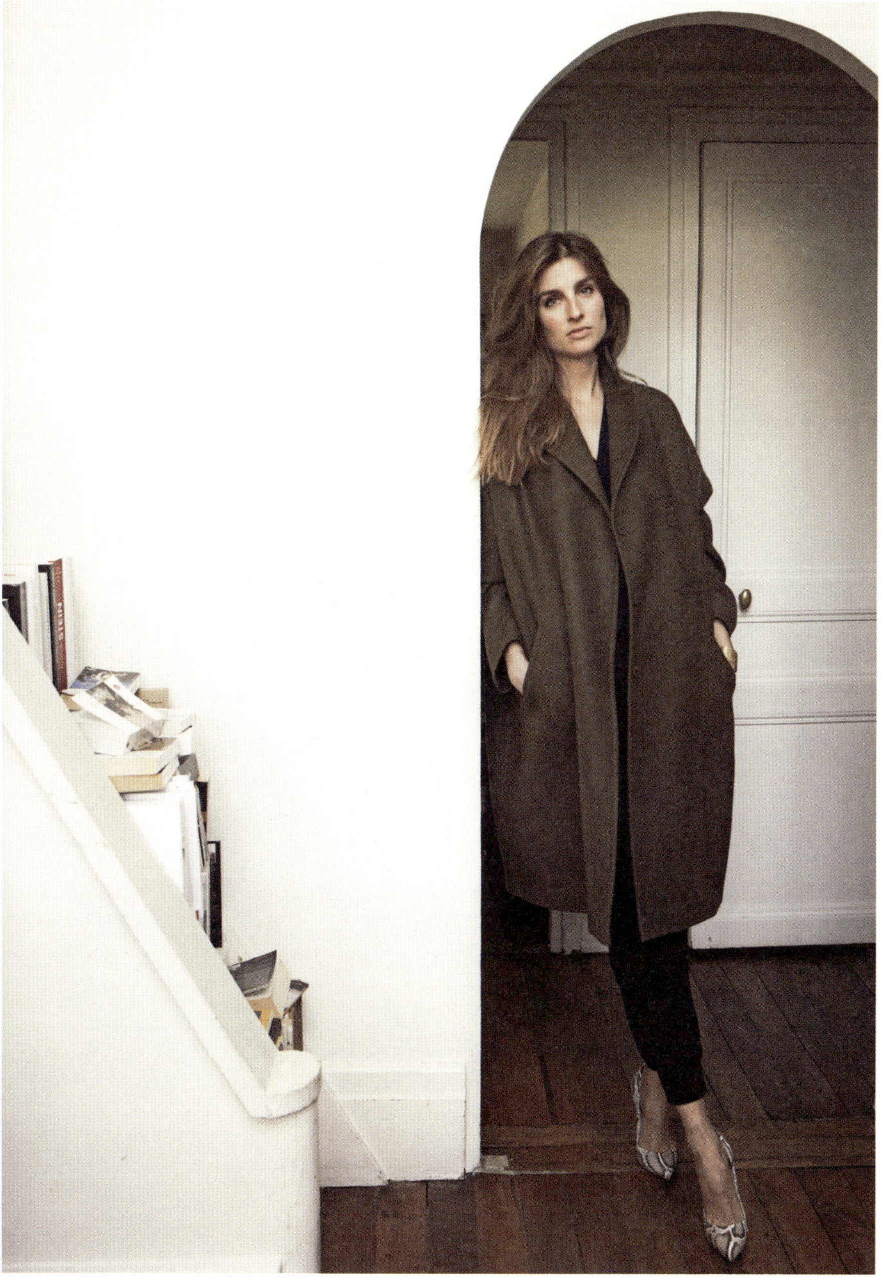

必需品

牛仔裤。任何时间，任何地点，任何方式，都是它。如果把牛仔裤从巴黎女人的衣橱中拿掉，她会觉得自己只能裸体没有衣服穿了。

男鞋。仅仅因为所有人都说这些别致的平底鞋不适合女士穿着，但你生来就是反潮流的巴黎女人。事实上，那些男鞋已成为你风格中不可或缺的一部分。

包。这不是配饰，而是你的家。它不可避免地乱糟糟，你可以在里面找到已经干枯了的幸运草，也可以找到早就过期的电费账单。如果外面看上去很漂亮，好好保护这种美观，那样就没人会去猜里面有多乱。

黑色的运动小上衣。配上它，你那条脏脏的牛仔裤（天天穿的那条）看上去也漂亮些了。在你不想让人一眼就看出你太不修边幅时需要穿这件衣服。

芭蕾平底鞋。你的另一双拖鞋。你不会在舒适和优雅之间作出选择，对于你，要么全要，要么全无。没有人见过奥黛丽·赫本穿地毯拖鞋。

丝质小头巾。它可是一物多用。首先，它给你深色的衣饰加入了一抹亮色，但又没有过于时髦花哨的危险；接下来，下雨时，你可以用它遮脑袋，像罗密·施奈德一样。而且，有时候，当你纸巾用完时，还能用它来擦你小孩的鼻涕。

白衬衫。标志性和永不过时的衣服。

长风衣。当然,这本是在稍微暖和些的日子穿的衣服。你知道它不像羽绒服那样暖和,但你知道自己穿上羽绒服,就像自愿替自己加了不少腰间赘肉似的。

厚头巾。因为你没有风雪大衣。与你假装的相反,有时候你还是会觉得冷。

大号露肩毛衣。你在派对后第二天穿它,好像你抱着被子出去。它像泰迪熊似的柔软,又有镇定剂Xanax(赞安诺)的镇静作用,还像银幕一样宽阔,是你能感觉自己屁股发沉时最好的掩盖物。

大号基本款太阳镜。每天都要,哪怕是雨天,因为每天都有戴它的原因:外面太亮,宿醉未醒,泪如雨下,要让自己有神秘感。

大号衬衫。你永远会多解开一个扣子,让自己看起来不那么严肃。一般情况下,可以借你男友的。你永远不会还回去,甚至有一天,你可以穿着它躺在另一个男人怀里。爱情或许会褪色,某些时尚永远不会。

非常简单,但非常贵的T恤。这种反差像《自由引导人民》一样引导你的生活,你乐意接受当今潮流,但需要加入自己的奢侈元素。结果你花了几个小时搜寻那件完美的T恤,它精妙的做工和略显半透明的质感让人感觉就像羊绒质地。

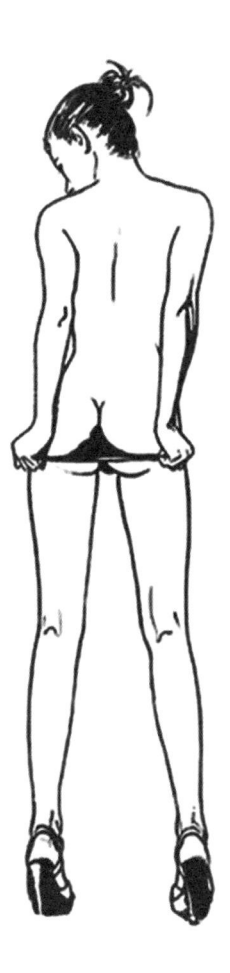

少就是多

莎莎·嘉宝说过:"乳沟是男人对女人的深度唯一感兴趣的地方。"

她或许是对的,但露出太多反而留下太少遐想空间。就好像在客人碰前菜之前就上了甜品。这种做法目的性太明显,过早出了底牌,出卖了自己的自信不足。就像女孩一直不停地说话,让人无法发问接口。

巴黎女人不会给出太多。对于身体的暴露,她只遵循一条黄金定律:少就是多。

当她在咖啡馆坐下时,裙子只会沿着大腿上升一丁点;在她向侍者招手时,阔领衫会从肩上滑落一小段;当她俯身提包时,她的乳房会极其隐约地一现。

一英寸,小小的。

这小小的一现会激起观察者无限的遐想。让他迫切地想知道接下来还有什么,他要聆听这个女人的故事,打破她的沉默,撕开她的衣服……这个女子谨慎地展现自己的神秘,逐步展现自己迷人的身体,每次只给一点点。有那么多人拜伏在她脚下,只为了脱下她的高跟鞋。一英寸,没有更多。

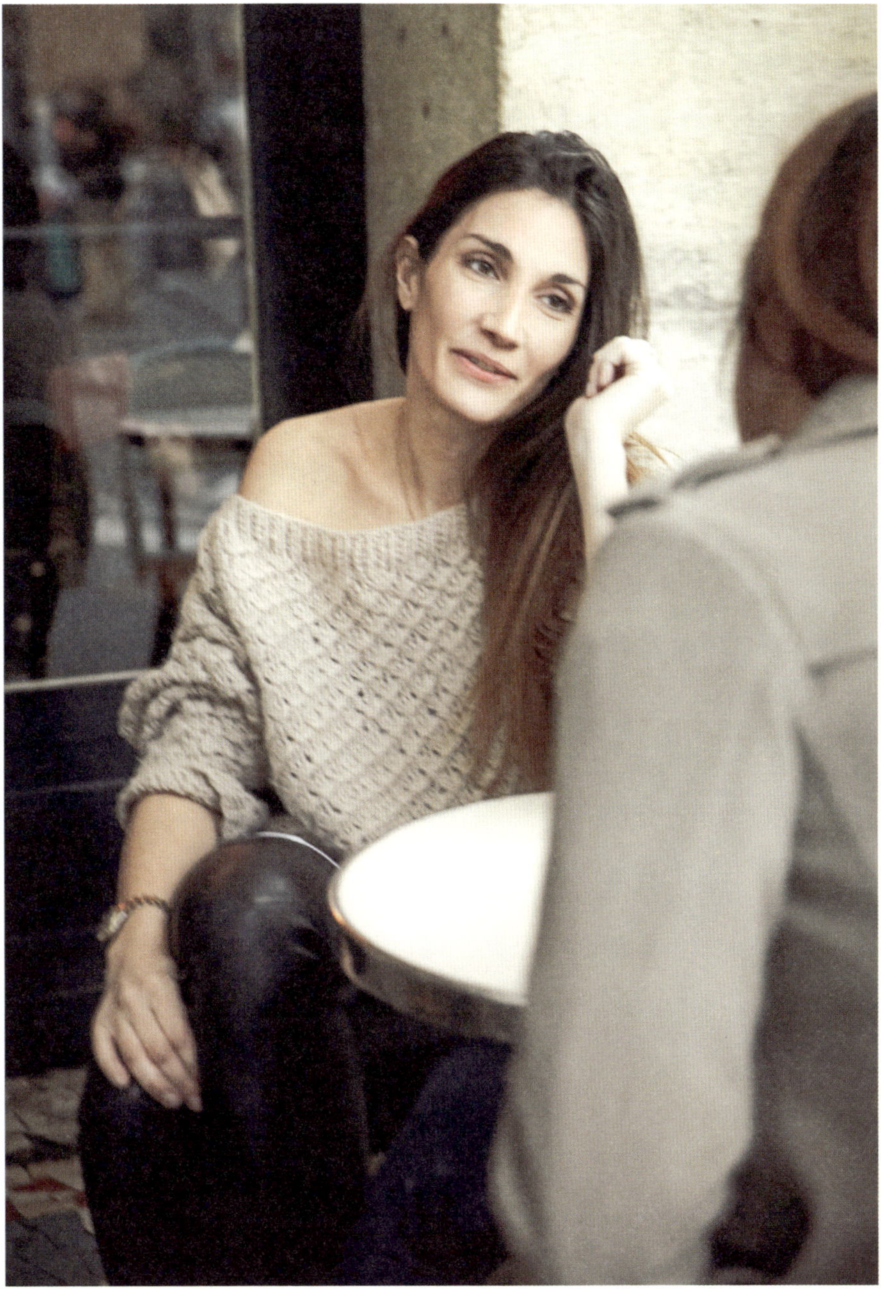

巴黎女人的
书架

巴黎女人的书架上有许多书：

* 那些你多次声称自己读过，以至于你自己也坚信自己的确读过的书。

* 那些你在学校时读过，现在你只记得主人公名字的书。

* 你男友热衷，而你绝不承认拥有的犯罪小说。

* 那些你父母每年圣诞节给你以提高你的"文化修养"的艺术书。

* 你自己买的，也是真止喜欢的艺术书。

* 你一直下决心要在明年夏天读的书——过去十几年你都在下这个决心。

* 那些仅仅因为喜欢书名就买回来的书。

* 那些你觉得可以让你更酷的书。

* 你读了一遍又一遍，跟着你的生活一起演化的书。

* 让你想起你爱过的某人的书。

* 你为你的孩子准备的书，如果有一天你有孩子的话。

* 那些你已把前十页读得滚瓜烂熟，都可以背下来的书。

* 那些你必须拥有，可以成为无可争议的证据证明你阅读广泛的书。

然后，你还有那些你真的读过、喜爱，并且已经成为你自己一部分的书：

《局外人》阿尔贝·加缪

《长夜行》路易·费迪南·塞利纳

《基本粒子》米歇尔·维勒贝克

《上帝之美》阿尔贝·科恩

《你好，忧愁》弗朗索瓦丝·萨冈

《包法利夫人》古斯塔夫·福楼拜

《岁月的泡沫》鲍里斯·维昂

《洛丽塔》弗拉基米尔·纳博科夫

《恶之花》夏尔·皮埃尔·波德莱尔

《追忆似水年华》马塞尔·普鲁斯特

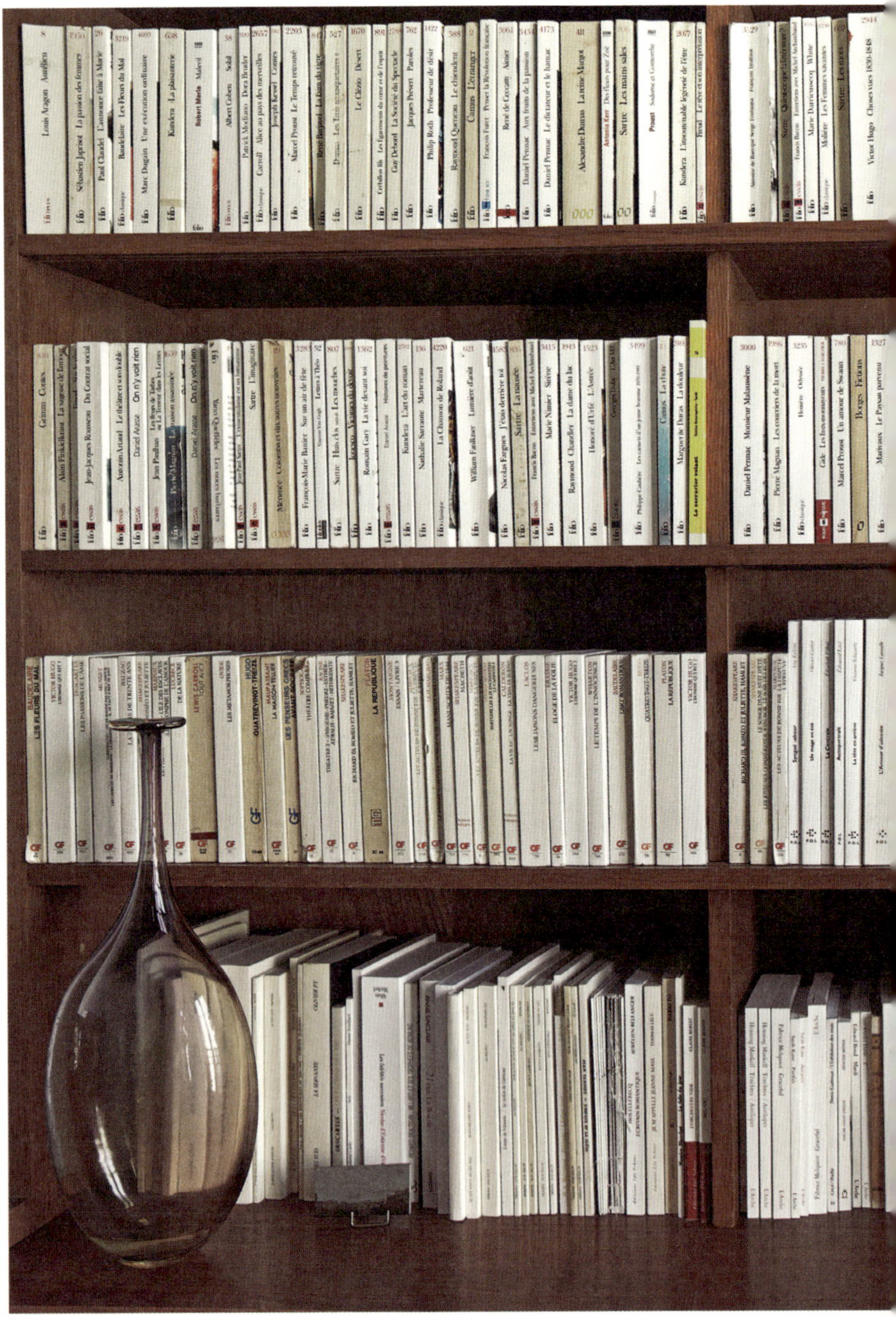

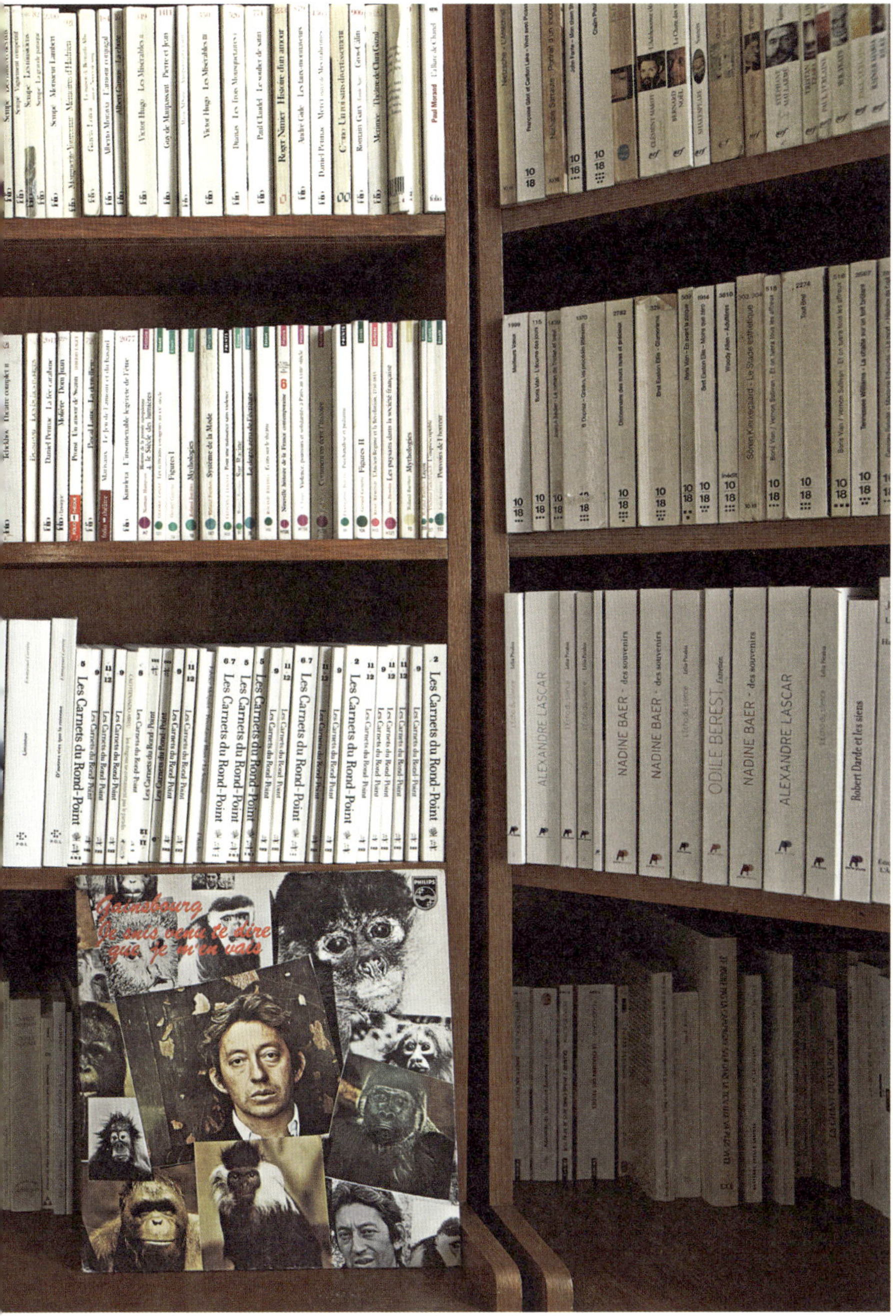

迷你裙

不管是和白T恤还是带花纹的衬衫搭配,你不能以给人暗示身体暴露或情色的方式来穿迷你裙。另外你也必须把鞋跟降低,妆色减淡。为了对得起这个名字,裙子必须剪裁完美。不管是牛仔布、全棉或是皮革质地,都应该是直筒且风格简单的。

在法国,迷你裙并不表示诱惑,相反,它是自由的象征。迷你裙诞生于巴黎,远早于伦敦的摇摆六十年代(至少巴黎人确信如此)。第一条迷你裙由时装设计师让·巴度在二十世纪二十年代早期应法国网球冠军苏珊·朗格朗要求为其准备在奥运会比赛时所穿而设计。它建立了一个新的标杆:让健美的女性进入男人的领域竞技,却丝毫不减其女性魅力。

自此以后,迷你裙就在遮盖还是暴露的斗争中处于中心位置。它展现了穿与不穿之间的完美平衡——既不是裸露,又不是深藏,而是两者之间的黄金位置。

> "女人的腿就像罗盘指针,绕着地球转动,并展现其平衡与和谐。"
>
> ——弗朗索瓦·特吕弗在电影《痴男怨女》(一九七七年)中的台词

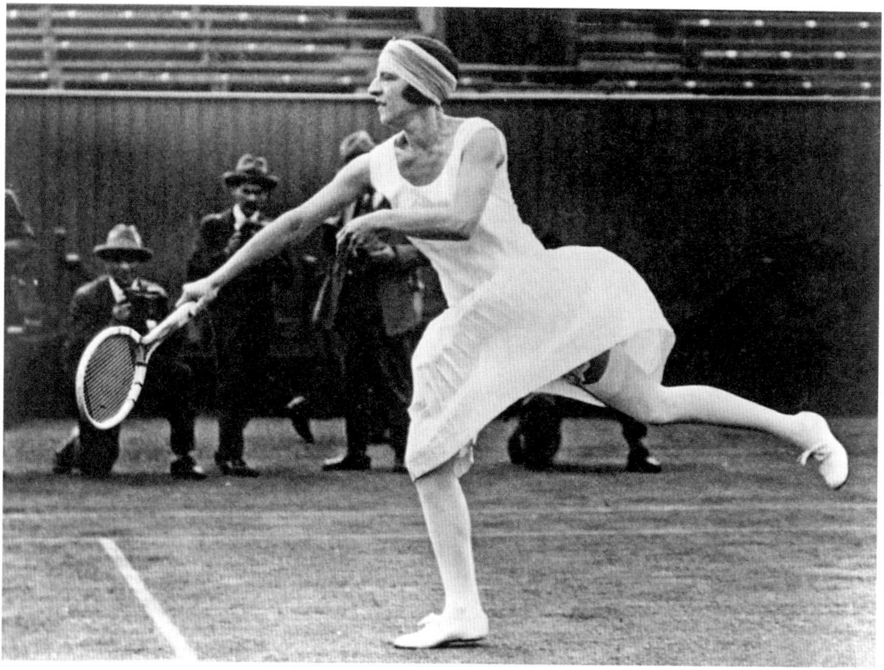

保护你的皮肤

你还记得十几岁时的那些爱情歌曲、关于那些你爱人的皮肤之类的歌吗？当时，你漫不经心地曲解了它的真实含义，而它对你的影响却从未停止。让我们面对现实：为了你的皮肤，你还有什么不会去做？在你所有昂贵的穿着之中，你自己的皮肤无疑是最重要的。你仔细照料它、珍爱它。你像考古学家熟悉羊皮纸上的每条纹路一样熟悉你皮肤上的每一条皱纹。你和你皮肤间的关系是相伴一生的互相教育。

法国的美丽标准在于皮肤——没人对化妆太看重，化妆下面的那层才重要。很早以前，妈妈就给你一个放大的镜子：一个关于衰老的窗口和时光流逝的通道。她并没有反复警告你不要抽烟、不要酗酒，她直接邀请你观察那些恶习在她身上留下的副作用。你的皮肤记得你所参加过的每个派对，记录在你的眼睛下面和嘴角边上。那是她教育你应该保持节制的方式。

在巴黎，规则很简单：你预期未来，为其作准备，但你绝不完全修正。接受自然给你的样子。充分利用它。这是你母亲传给你的。包括她关于乳霜的几乎与巫术没什么差别的科学知识。你从没有数过自己化妆间里瓶瓶罐罐的数目，但你确信其中有一罐是用于护理你脸部的每一寸皮肤，另一罐是给颈部的，还有给胸的，一直往下，直到脚底板。

最早的几次宿醉除外——现在你绝对不会忘记在上床前卸去化妆，这样你入睡时身上不再有派对的味道。是的，因为这个努力，你带着更多的疲惫爬上床去，但这是我们为了保护皮肤必须付出的代价。

103

当你可以拥有一切时

* 她不会在每根手指上戴一个戒指，或者每个戒指上都有一大块钻石。

* 她不会戴一块价格赶上一辆好车的金表。

* 事实上，她也没有好车。

* 她不会拎着炫目的名牌包。

* 但她的臂下可能会夹着报纸。

* 她在对话中可能提到萨特或福柯。

* 闪闪发光的是她的人性，而不是其他：这才是精神富裕的表现。

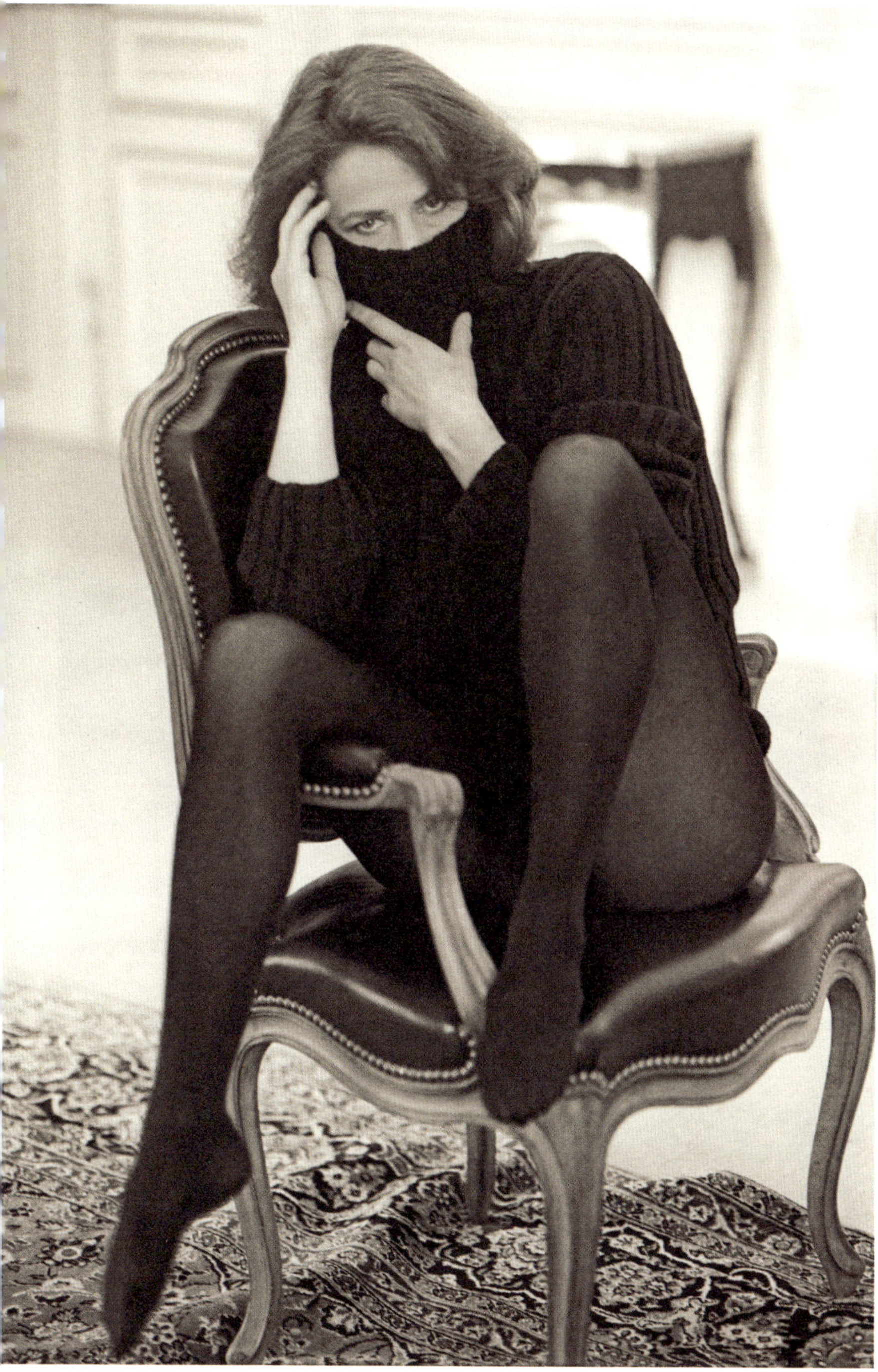

黑衣女人

开始：

如果她衣柜里的衣服全是黑色的，并不表示她在服丧。恰恰相反。对于那些拉下窗帘遮住晨光的女人来说，黑色是庆祝的颜色，代表晚上永远不会结束的颜色。一个高高的暗色黑影，苗条优雅，走在一群同样苗条而优雅的高高的暗色黑影之中，这就是巴黎派对的定义。而且看起来，在午夜过后还在街上游荡的女人之间都分享着这种心照不宣的着装规矩。白色的出现就像是这黑色场景中的瑕疵。但不要想着这个图像就是黑白的：巴黎给这种特别的风格取了个名字。那个似乎是以一人之力发明了黑色的男人——伊夫·圣·洛朗曾经说过："并不是只有一种黑色，而是有很多种不同的黑色。"他成功地说服人们这种非彩色的风格是一种微妙的艺术。如果说上帝创造了色彩，那么看起来伊夫·圣·洛朗也同样成功地关闭了它。

结尾：

事实上，你必须深究到表象以下才能发现这种不变的黑暗的真正含义。在她的故作姿态后面，巴黎女人隐藏着一种畏惧，一种狂乱的恐慌：自己看上去不雅致，自己失礼。因为黑色实用而方便，是安全的颜色——即便对时尚不敏感的女人也不会弄错。黑色舒服而百搭。它能突出线条，提升品位。这是你夜晚的保险，保证你可以安全地融入那些时尚的大众之中。如果你仔细想想，就会发现这种趋势是她羊群效应的完美总结，她内心中（黑色）羊群的一面。但不要想让她承认自己是穿着制服，如果你向她指明这一真相，肯定会徒劳无功，别说我没警告过你。如果你直言不讳，只会让她的情绪更为黑暗，她将上下审视你，穿上高跟鞋，永远消失在暗影之中。

雷达
之外

你在街边的咖啡馆独自喝咖啡。

你看着周围的人们,一家子、一群玩耍中的孩子、一个沉浸在书中的女子、一个迷路的游客在寻找方向、一个行色匆匆的男人正一路跑去好赶上公车、你头顶上的樱桃树叶。

你没有什么理由坐在这里:你没有在等人,也没有人在某处等你。你可以爱待多久待多久,直到你自己想离开。你可以一下子决定做什么和怎么去做:自由之中隐藏着一些危险和享受。

在你自己生活的城市中默默无闻,没有人知道你的年纪、你是谁和你从事的职业。在这个时刻,你可以再次主宰自己的生活。感觉到自己的心跳,深呼吸,聆听自己。什么都别做。一点都不做。享受这浮生偷来的半日闲。它能帮助你重整人生,只属于你一个人。也只有你对你自己的一切负责。

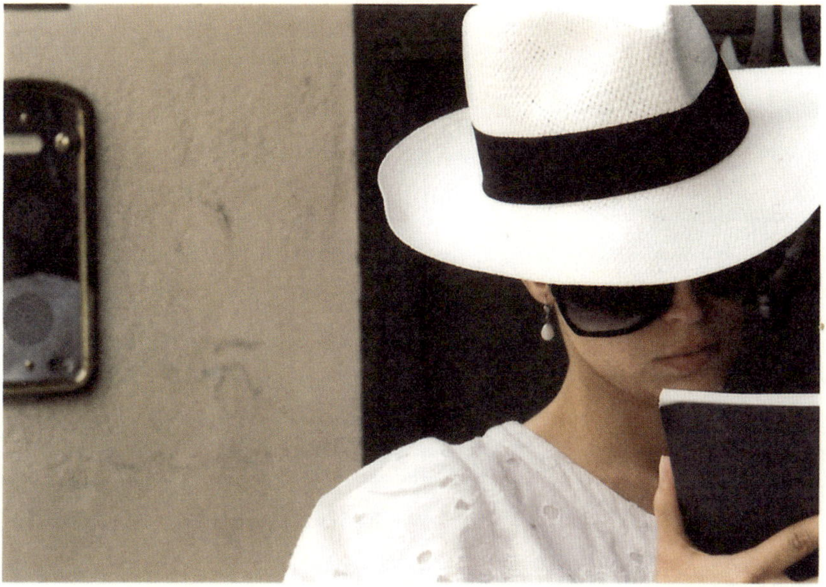

当今，远比任何其他时代更如是：你的生活被安排得像钟表一样精确，所有的一切都已预先计划，你从A走到B。但在这一刻，你的手机已经关掉，没有人知道你在干什么，甚至身处何方。打破你自己的习惯很令人兴奋。你像是对自己作弊，扩展了你所面对的可能性。

你可以一下子消失。跳上出租车乘飞机去加拉加斯或乌兰巴托，或只是在电影院里泡一天。或者你可以打开话头和咖啡馆隔壁座位上的那位女士聊聊天，虽然平时你过于害羞，不会如此，但今天你可以同她聊聊她正看的那本书："哦，不。我从来没读过屠格涅夫。"然后再聊聊周围社区的变化。接着漫游，在公园里逗留片刻，当陌生人向你打招呼时回应他们的话题。为什么不？反正你以后也不会再碰见他。他也不知道你的名字、你从哪里来、你兄弟姐妹的名字、你有多讨厌自己的耳朵、为什么你曾经在一次重要的数学考试中作弊，或者为什么你喜欢在早上做爱。分享这个时刻吧，把时间停住，在你慢慢走回家之前。

你打开了手机，读你的短信，发出回复，向那些为你片刻的安静而担忧的人表示自己一切正常。

无聊是你的秘密花园。

独处已经成为奢侈品。

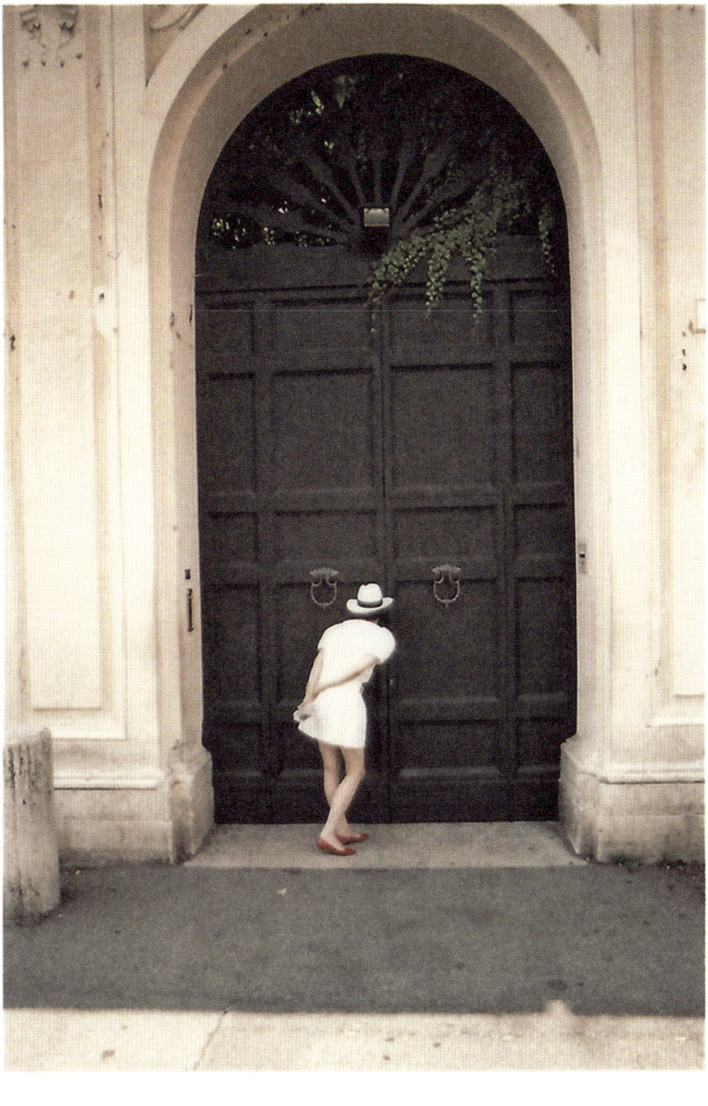

海军蓝

在二十世纪八十年代,这首熟悉的歌在电台反复播放:"我潜到泳池底部,穿着我小小的海军衫,肘部已经开口,而我存心不补。"

我们在这反反复复的副歌伴随下长大:我们都幻想着一个忧郁而美丽的女孩,穿着V领的毛衣,颜色和她漂亮的眼睛一样。我们都想从她那里把那件毛衣偷来,哪怕它有破洞,因为我们总不能去偷她的眼睛。如果夸张一点,我们可以说是伊莎贝尔·雅斯敏·阿佳妮发明了海军蓝。或者说是赛日·甘斯布,那个写了这首流传甚广的歌曲的人,发明了海军蓝。赛日·甘斯布是一个淘气的爱人,他的内心深处肯定是个画家,他特地把那种颜色给予了女人,在这之前的法国,那个颜色本来只是和消防队员的制服相联系。和别的事情一样,巴黎女人再一次接受了赛日。这种独特的蓝色已成为她的一部分:牛仔裤、冬日里系在脖子上的厚围巾、那件长仅过膝的风衣、她最爱的水手帽上的条纹。这种蓝是夜空的颜色,最接近黑色的那种色调,那种我们如此喜欢的黑色。这种色调几乎打破了时尚界最绝对的戒律:你绝对不能蓝配黑。这是一种隐秘的反叛,几乎没有什么效果,但巴黎女人不介意,与公开观点相比,她们更喜欢神秘和暗示。至少,她是以这种方式来安慰自己多少缺乏想象力的行为的。与阿佳妮一样,她也乐于替自己过于素净的风格添一些配饰:"穿烟色调来展示我想隐藏的一切。"

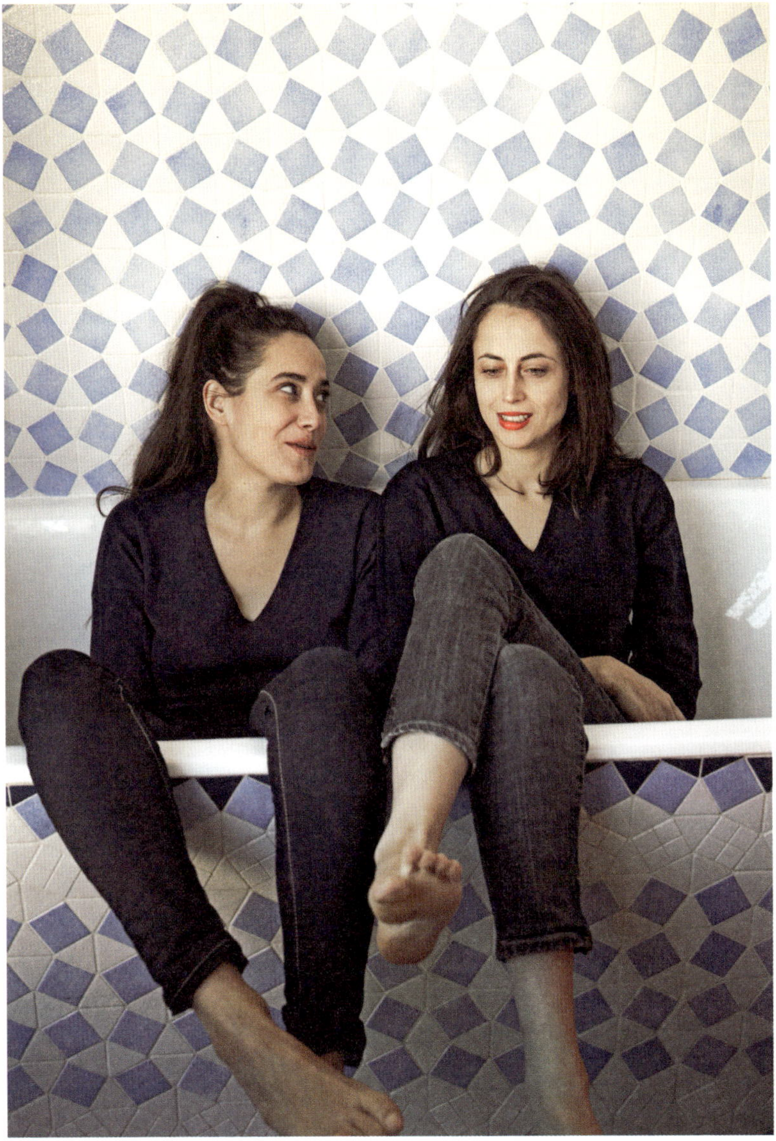

美国小说家
眼中的
巴黎女人

她们穿越在城市里,在夜晚朦胧的灯光下。巴黎女人本来就很好看,现在又更好看了一成。

克莱尔带他们去的那家位于拉丁区狭窄小巷里的饭店,既小又挤,墙上砌着摩洛哥瓷砖。米契尔面对窗口而坐,看着外面人群川流不息。有一个瞬间,一个留着圣女贞德发型、看上去二十出头的姑娘刚好走过窗口。当米契尔看着她时,那个姑娘做了一件不可思议的事,她也在回看他。她以那种毫不掩饰的充满色情意味的眼光与他对视。现在她想要同他做爱,出于需要。她乐于承认,在这个夏末的夜晚,他是个男人,而她是女人,如果他发现她具有吸引力,她乐于奉陪。

——杰弗里·尤金尼德斯《婚姻密谋》

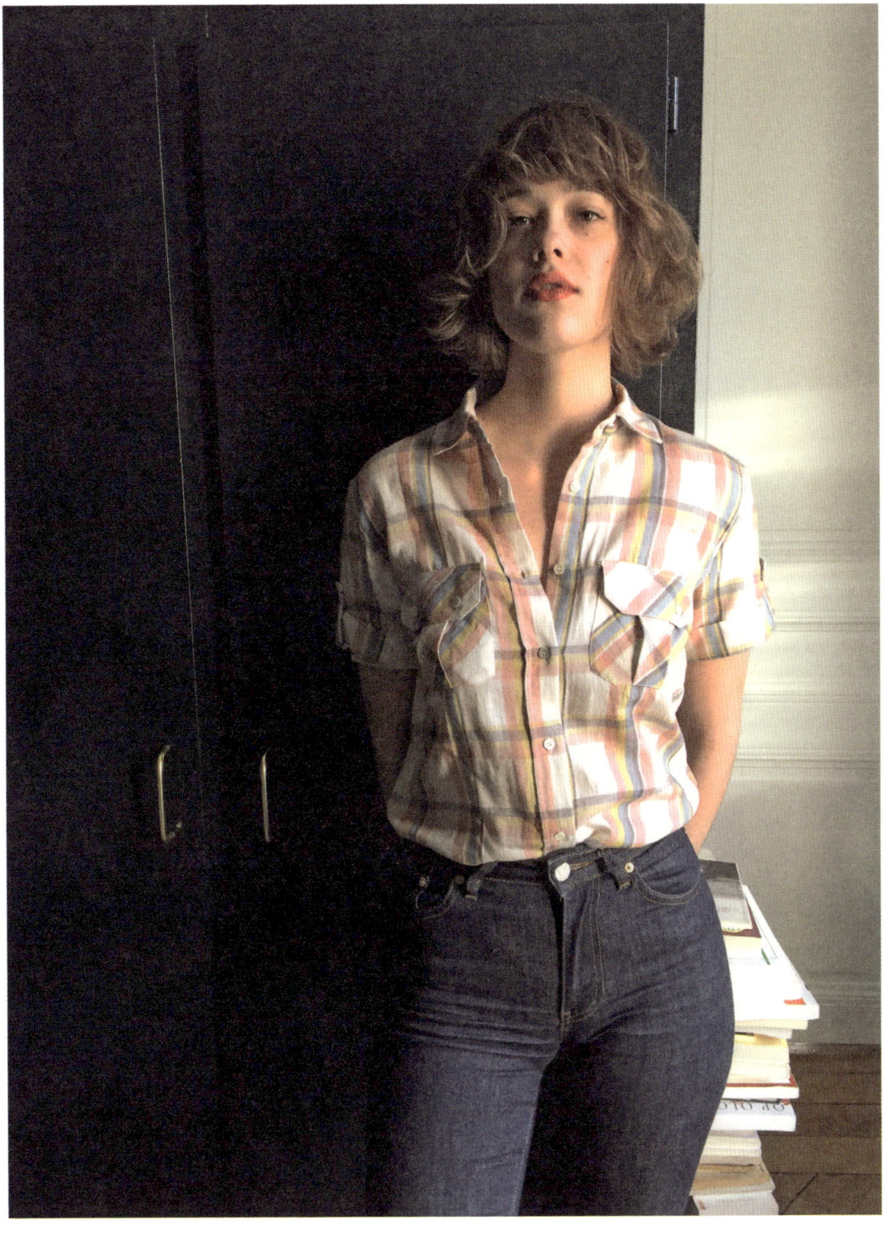

西蒙娜们

每个巴黎女人的历史里都有一个西蒙娜。这个城市被分为三个不同的品种：西蒙娜·韦伊族、西蒙娜·德·波伏瓦族和西蒙娜·西涅莱族。这三类西蒙娜共同生活，她们互相交流，甚至有时互相喜欢。但内心深处，她们都坚信各自属于不同的族类，更喜欢和同自己具有某种秘密共鸣的同类来往。然而，她们只是表姐妹而已，而这种部落亲近感更多的来自于异族间的轻视而非对抗。

西蒙娜·韦伊

西蒙娜·韦伊首先是一个幸存者。她经历了德朗西、奥斯维辛和贝尔根·贝尔森集中营的苦难，而最终幸存。但她的名字是在法国堕胎合法的那一天被真正载入了历史。韦伊，当时的卫生部长，为赋予妇女选择的权利而战斗。这场战斗给她带来多次来自极右派的严重威胁，显然，这些都没有吓倒她。

西蒙娜·韦伊是一个为她的同伴而抗争的知识女性的典范。她是一个狂热、坚定的女权主义者，是所有希望一个更好的世界且热衷政治的女性的偶像。她号召无数受过教育的年轻女性加入周末示威的大军，将参加人数带到了一个新的高度。对有些人来说，这种参与更主要的是成为定义自我的方式，给了她们一种时尚感，就如同青少年参加哥特摇滚。

座右铭："作为女性，我盼望我的性别受到尊重，而不用被迫去适应男性的世界。"

西蒙娜·德·波伏瓦

　　她象征着这种非常法国式的爱情，成为"某人的妻子"，但并没有在丈夫的名字后面丧失自己。西蒙娜·德·波伏瓦完全可以分享让·保罗·萨特的生活，但她却成为自己国家中广受尊敬和喜爱的作家，为她自己留下了不可磨灭的印记。她也是女权主义者。但在她这里，她成长于有着一位会说"女儿，你有着男人般的头脑"——完全是出于赞赏——的父亲的家庭。她是一个至死不渝的共产主义者，她也是一个秘密的浪漫主义者，常常防范自己不要成为自己感情的奴隶。在她写的那本关于她伴侣的最后几年的书《告别礼》中，其细节之大胆令人震惊。波伏瓦是那些具有诱惑性的战士的典范，享受乐趣的同时又不给人以自己其实沉溺其中的印象。

　　　　　　　　　　　　座右铭："女人不要努力让别人快乐，而只是自私地享受让别人快乐时带给自己的快乐。"

西蒙娜·西涅莱

她是个具有牺牲精神的女主角，就像那个小美人鱼，愿意为爱人放弃一切，包括腿脚和嗓子。对于西蒙娜·西涅莱来说，那个爱人就是伊夫·蒙当，法国历史上最伟大的演员之一。他们俩一起，展现出电影般的美好。她是演员和作家，拥有好奇的神情和鲜红的嘴唇。他是个意大利出生的花花公子，永远带着令人无法抗拒的微笑。虽然西蒙·西涅莱在一九六〇年因出演《上流社会》而获奥斯卡最佳女主角奖，同一年，她丈夫却演了《让我们相爱吧》，所有人，包括她自己都知道他和玛丽莲·梦露的绯闻。但是西蒙娜·西涅莱没有离他而去。她等待着，表现得若无其事，在沉默中忍耐。她只在很久之后才打破沉默。等到伊夫·蒙当回到她身边之后，等到玛丽莲过世之后。关于玛丽莲，她的评价是："我的一个遗憾是我从来没有告诉她我对她一点也不怨恨。"整个法国无可救药的浪漫主义者或早或晚都羡慕她独特的勇气，这位爱情的烈士，有着快乐的故事结局：今天，她和伊夫并肩躺在拉雪兹神父公墓中，永远安息在一起。

座右铭："爱情幸福的秘诀并不是盲目不顾，而是知道何时该闭上眼睛。"

在乡间

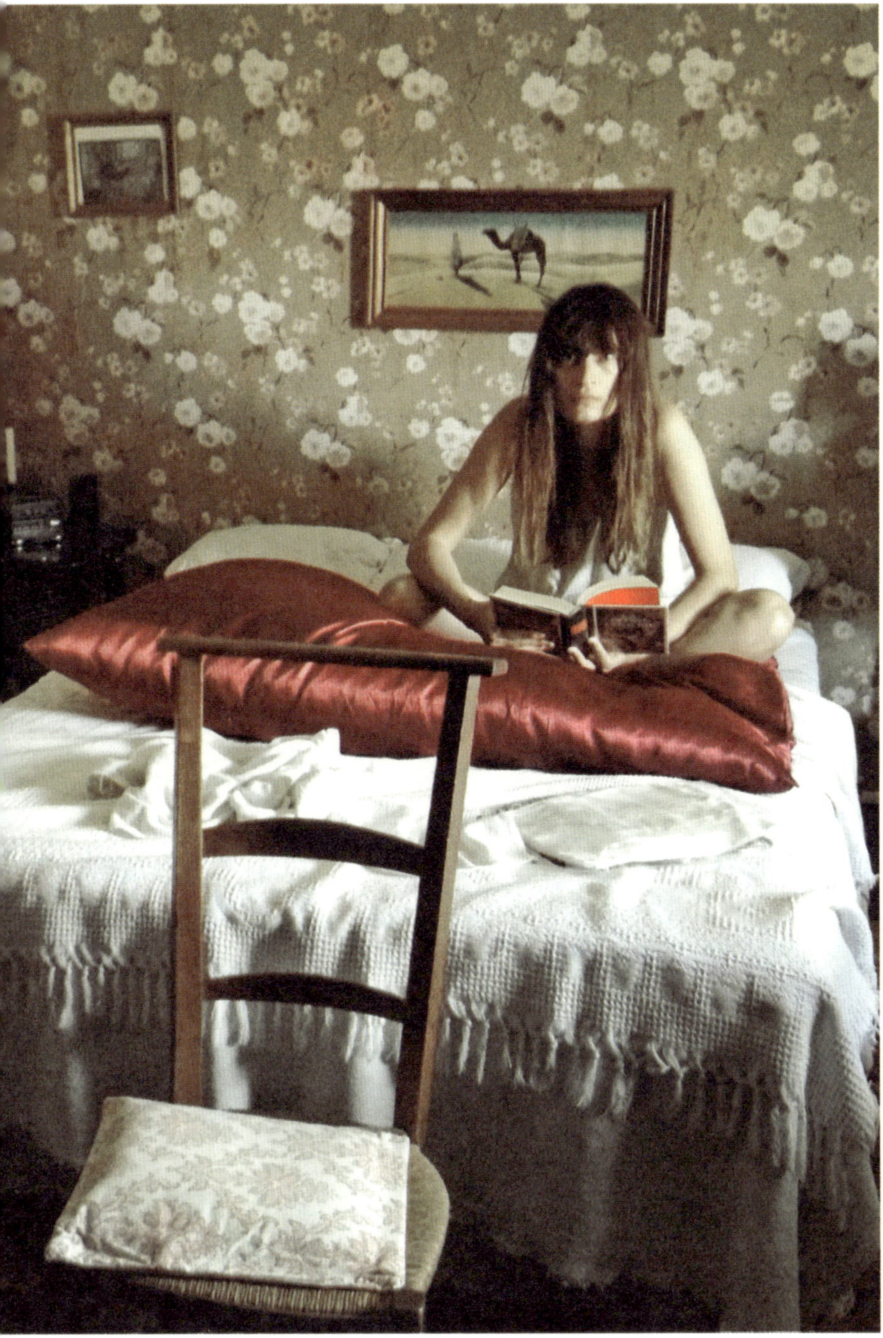

当她爬出汽车时,一阵微微不安的感觉袭来。巴黎女人的生命里就只有一种声音,那就是高跟鞋踩在人行道上的脚步声,踩出她生命的节奏。她熟悉这种节奏,这是她每天的节拍器。然而,她刚踏上乡村的土地,鞋底才没入潮湿的草地,她就觉得自己来到了外国。

说实话,她只对画中的草地感兴趣,就像那些挂在她父母起居室里的油画—那就够了。每多走一步,她都觉得自己和世界连接的电线在断开。她无法接收外界信息,网络、电话都不行。她一会儿觉得热,一会儿觉得冷,完全被天气变化所支配,自己身上散发出的汗味更让她恐惧。她已经完全离开了自己的安全区域。对她来说,乡村就是那些她所失去东西的总和。总而言之,她喜欢自然的东西,但不是自然本身。如果她的脸颊红润,那只是她搽了胭脂。如果她遍体芬芳,那是因为她用了晚香玉香味的香水。是的,她承认她的魅力是有些人工的痕迹,那又怎样?

踏着不怎么坚定的步伐,她走向那幢她似乎认识的屋子。农场吧?也可能不是。说实话,她现在什么都不敢确信。慢慢地,她弄清了周围的情况。她能听见一群马蜂在头顶嗡嗡作响。这种有害生物的伴奏让她感觉到自己的脆弱。一只苍蝇平静地掠过她的衬衫。她脱去鞋子,像是踩上了一片刺针。

巴黎女人，对于文明世界无比珍视，对于自然母亲粗粝的风格惊惧不已。当然，她可能反应过头，但这已经是她所剩下的保护自己的唯一武器。

她在农屋前的椅子上坐下，闭起眼睛，感受着清风拂面。在停止自我埋怨的那一刻，一种久违的轻快感掠过心头。她享受着独处给自己带来的宁静。她甚至欣赏起那棵百年老树的优美身姿，简直可以和那些大教堂媲美。但她不会承认这些。赞美乡村意味着贬低城市生活，就像改变信仰一样，有被逐出教会的风险，最后成为那个永远迷失在麦田里的可怜巴黎小女孩。

你的
最佳版本

当你的生命到达了某一时期,"你就有了与自己匹配的面容",可可·香奈儿并不是一个故作惊人之语的人,她的冷酷也已声名远扬。尽管如此,就巴黎女人整体来说,这句话有些方面还是有道理的。

在街上、咖啡馆里、公车上,一个人的面容还是可以展示很多信息的,就像水晶球一样昭示一个人的过去。幸福、逝去的爱情、生育、希望、胜利和成功,与变幻的命运交织在一起。

经历,作为我们自我改变的方式变成我们可见的个性。所有的一切都展现在外,为所有人所见。我们或者生来幸运,有一张配得上自己的脸;或者不幸。

但生活常常会改正错误。那些在高中时期像蜂群中的蜂后似的漂亮女孩,看起来生来就能轻易获得一切,从没想到会被那些自己从未关注过的女孩超过:后者可以把不同变成一种财富,一个商标。就像任何好年份的红酒,年岁的增长只会更加增加她们的魅力。

那些女子明了一个不变的事实：逆流而动只会让你失败，你必须紧跟潮流。

让年龄表现出来比看不出年龄更好。现在我们已经知道过度的美容手术会比实际生活让你老得更快。当然，有些女人有些时候是肉毒素艺术大师，但大多数情况下，诚实地说：你看到的不是一张没有皱纹的脸，而是一张表现恐惧的脸。

巴黎女人从不努力让自己看上去和真正的自己不同。事实上，与让自己看起来更年轻——那只是短暂的幻觉而已——相比，她们更愿意展现自己最完美的版本，外在的和内心的，在任何年龄。

在她们心中，一条规则大于其他所有规则：珍惜今天你所拥有的面容，这就是你在十年后一心想保持的样子。

花点时间和隔壁那位老太太聊聊天。读本书。如果外面天气好，走着去上班，别坐地铁。花点时间和朋友们共度周末。

花点时间聆听并了解自己。花点时间改变、成长和休息。花点时间来说是的，也花点时间来说不。花点时间保持安静。花点时间照顾自己的身体，好好吃东西。花点时间问问自己到底是谁，想要什么。

在你奶奶生日的那天给她打电话，像她教你的那样用冷水洗头，倾听你的孩子说话，深呼吸，早饭时花点时间现做新鲜的橙汁，去博物馆，或者到小树林里走走，听草丛里小生物们的声音。在夏天，花点时间和小孩一起做一本干花压册，或者讲故事给他听。

花点时间来花时间，因为除了你，没有别人会帮你。

还有别忘了在泡澡时做做白日梦，就像你还是孩子时常做的那样。

花点时间

饰品与珠宝

巴黎女人戴很少的珠宝。

不可离身之物：一根细链，一个简单的戒指，一个传家宝。这些应该越隐蔽越好，而且应该和你相配，成为你的标志。

主题物：一个大金手镯或宝石项链，这些主题物可以让日常便服增色，或者也可以在海滩上戴在晒黑了的身体上。

对比定律：服装搭配越聪明，珠宝越少。

"珠宝，"波德莱尔写道，"珠宝，我最爱细条的。知我所好，她戴上闪闪发光的宝石，身上别无他物。"从他的书中取出一页，睡觉时戴着你的珠宝，无论你想直接入睡还是做爱，都会给你带来好梦。

合法仿制品：不用羞于佩戴装饰性珠宝。自豪地戴出你淘到的便宜货。巴黎女人会在晚上外出时戴那些合法仿制品，因为她们不用担心在地铁上被窃。但她不会戴任何"假名牌"。假冒名牌就像邪教异端一样不被容忍。

你的手表：手表也算珠宝。但并不意味着它必须昂贵，只是必须漂亮，不管是经典还是时尚。你的手表是服装的补充，或加重其风格或提供了对比。

背后故事：你不需要拥有很多珠宝，但不管来自于家族还是旅行的纪念，每一件都应该讲述一个故事。它们的价值不在其价格，而在它们的情感。

巴黎生活场景 3

- I think I've gained WEIGHT
- Really? Are you on a DIET?
- NO I KEEP FAILING

— Are you **WORKING OUT?**

— Nope. I don't have **TIME**

— **SO** what are you doing about **IT?**

— I'm going to buy myself a **LONG COAT.**

| 4 |

勇敢去爱

理想男人

他不是肌肉男。（他更可能在读一本书，而不是在健身。）

他刮胡子不彻底。（他会留一层胡茬。）

他很干净。（但会确保不过头。）

他很有趣。（直到他一去不回。）

他有独特的东西。（不是车。）

他有品位。（但并不故弄玄虚。）

他是个坏男孩。（但你永远原谅他。）

他或许并不完美，但至少他真实存在。

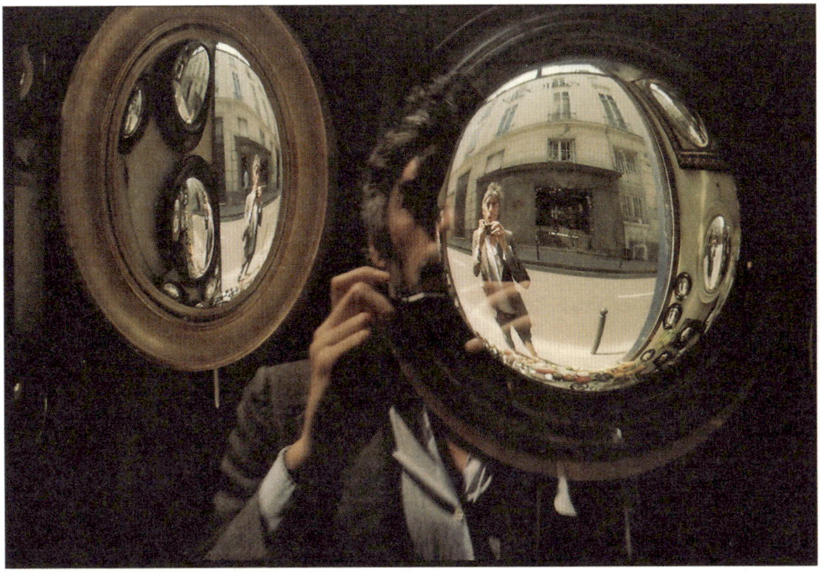

对于爱情的
乐观观念

通常说来，爱情故事的结局并不完美。

你从记事起就已知道——但这还不止。你被反复告知将多次堕入爱河，所以怎么可能第一个就是你的真命天子？永远如此！你受到警告一路上都会有诱惑。但似乎没有考虑到他其实也有多个选择。

的确，统计已经证实，你和他劳燕分飞的概率（远）大于白头到老的机会。如果他没有回电，他显然配不上你。让他去寻找更适合他的那个人吧。这样对你们双方都好。

但每条规则都有例外——难道生活不就是由这些例外组成的吗？你永远不可能确认（爱情，或者生活中其他任何东西），而且完美男人不可能存在：他们必须犯错，然后才能正确。爱情是你生活中真正没有选择的唯一东西。

好消息是经过各种结合的磨练——尤其是那些不那么光鲜的时刻——你学会了了解真实的自己，坚强而独立，只依靠自己。所以你不需要他人给你幸福。但你还是得承认，有他在，会更好。

和其他任何地方一样，在巴黎，你需要突破自己的预设条件，才能找到自己的爱情。

女人的
百宝箱

心理医生米尔顿·艾瑞克森的寓言

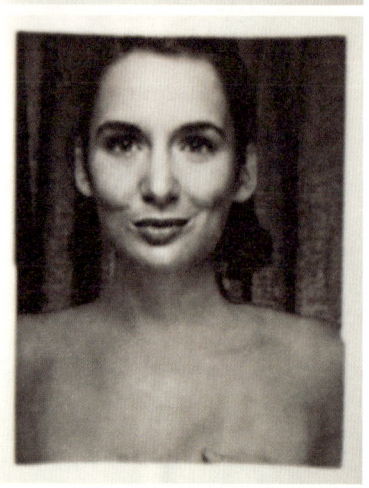

米尔顿·艾瑞克森是美国伟大的心理医生，精通于研究人类行为、催眠和通过家庭治疗来治疗功能性神经症，他并不是巴黎女人。

他幼年时的一次经历被证实对他以后的开创性工作起了关键作用：农夫们设法让一头牛犊离开牛栏，但它却不愿意离开。那些农夫们尝试着拉牛尾，但无法成功：牛犊努力往另一方向用力，纹丝不动。

忽然，其中一个农夫想出了一个主意。

他们所需要做的是往另一个方向拉牛尾，不是朝远离牛栏的方向拉，而是往牛栏里面拉。牛果然立刻改变了主意，跑了出来，违背了自己一开始的意愿，离开了牛栏。

从这里出发，米尔顿·艾瑞克森得到了关于人类心理学的重要发现——我们经常会弄错，竭尽全力去推动某事，实际上如果反其道而行之，就可以轻易获得成功。

巴黎女人在与爱人争吵时的秘密武器

眼泪

一些女人认为男人会被她们的眼泪所感动。大概她们还沉浸在打开眼泪开关就能征服她们父母的幻想之中。

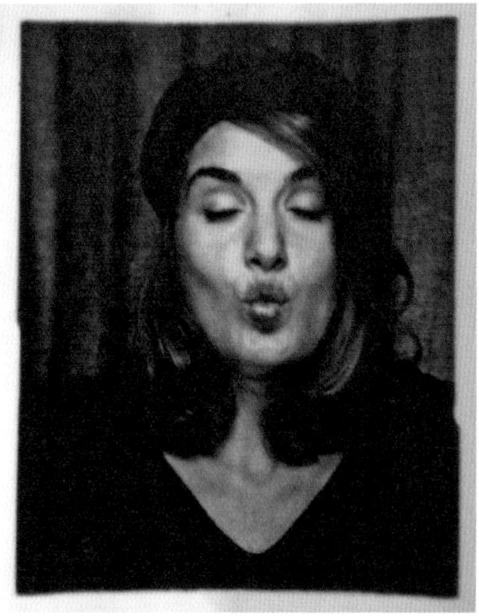
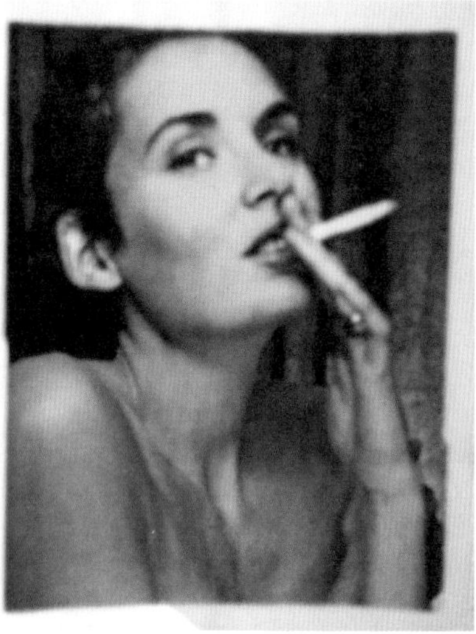
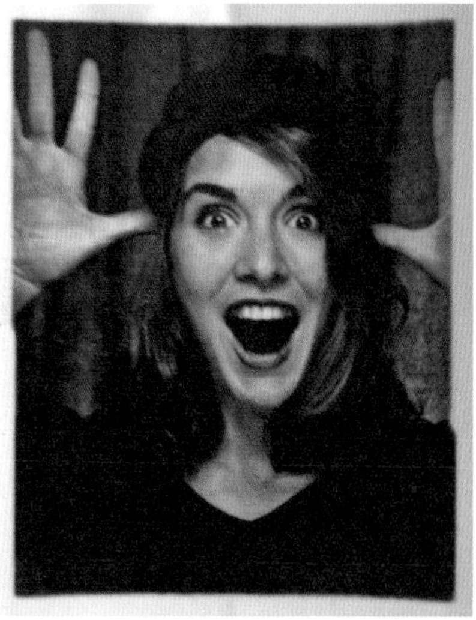
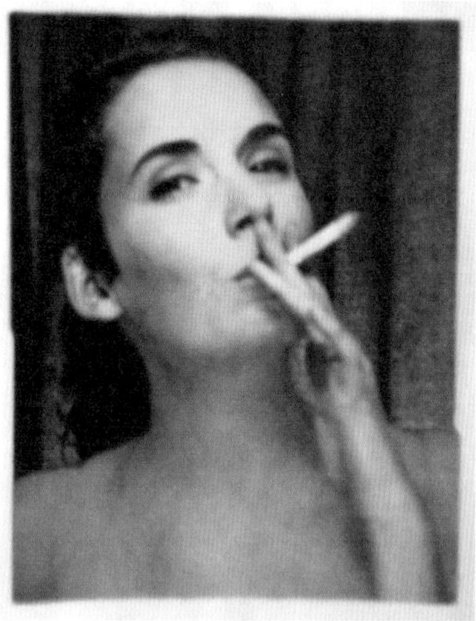

如果你相信眼泪是你脆弱的鲜明标记，请三思。别再相信它能让人心碎。哭泣不是一种武器，不过是一种噪声和毫无必要的浪费能量而已。

除非……你从不哭泣。

如果是这样，你的那次哭泣，你可以确信你的眼泪可以让他石化。

但记得这是只能使用一次的招数。仔细选择你的时机，因为第二次就没用了。

嫉妒

对于所有牵涉其中的人，嫉妒都是一种负担，不管你是嫉妒者还是被嫉妒的一方。这是一场没有赢家的战争。

与其煽风点火并闹得无人不知，不如缩回你的爪子，尽早将这场戏剧扼杀在萌芽之中。你可以说："那个女人的确既漂亮，又聪明有趣！"正视幻想是熄灭其火花的最安全的方式。

如果诱惑依然不减，情况比预期更危险，邀请你的竞争者到家吃晚饭。把狐狸放入鹅群会把它变成小鹅。最差情况是你得到了一个新朋友。

贬低

贬低他可以让你获得支配权——那只是你单方面的幻想。告诉他他比不上大街上随便找来的男人，对你不会有任何帮助。使用伤害性和争论性的语言并不能让他改变，只会让他逃跑。他有什么理由和如此轻视他的人待在一起呢？相反，你要对他赞不绝口。让他的自我感觉被你的恭维吹捧得不断膨胀，那时他只想要一件事：努力成为那位你口里称赞的形象。

父母

不要说对方父母的坏话。告诉他你的婆婆是个完美女人，他将永远感激你。

冷战

在法国，我们对床上的冷战有一个生动形象的描述：l'auberge du cul tourney，也就是说你的伴侣对此获得的唯一感受是：你是个傻瓜。

冷战的问题是它带给你的只是自我惩罚。它所浪费的能量本可以用于进行更有创造性的活动。不要冷战，扮演一个完美女人的角色——杀伤力会大得多。乐观、聪明和性感——不要冷漠。当他意识到自己的固执带来的只会是损失时，道歉和弥补会早于你的预期到来。

当你们重归于好时，上床去。做场爱，而不是互揭老底能更好地治愈你俩的创伤。

感情威胁

感情威胁毫无用处。就像以自杀相逼，没有人相信你会真的实施。所以不要想吞下整瓶自怜自弃的药片，那只会证明你不是一个言而有信的女人。

与其威胁说自己将永远消失，不如让自己真正消失。不要说一句话，拿起你的钱包和钥匙，摔门而去。出去透透气。不管是一个小时，还是一个星期，给你们两人一些距离，和安静（关上你的手机）。深呼吸，感受活着多么美好。

以**爱**相**爱**

想象一下你把一小块木片投入冰湖之中。

等待一会儿，慢慢地，它被一层薄冰包裹，直到变得像钻石一样闪闪发光。这个过程就是"结晶"。

十九世纪的法国作家司汤达在《论爱情》一书中写道，堕入爱河也是以这样的方式进行。最初，爱人双方显得绝对完美，甚至超凡脱俗。对于司汤达来说，"结晶"期是短暂、无法摆脱而又脱离实际的——在这个时期，相爱的对象完全被理想化。

对大多数人来说，这个状态转瞬即逝，但巴黎女人例外。巴黎女人爱上的爱情本身，达到病态的程度。她的整个生活围绕着这种心动的感觉而转。

"结晶"的是她自己的疯狂，让她无所畏惧，无所不能：

* 写她永远不会寄出的信。*** 花大钱买一件没有人会看到的内衣。*** 在一个星期内以同样的疯狂爱上三个男人。*** 取消工作会议，只为了等一个可能永远不会来的电话**。* 幻想和一个甚至还不知道自己名字的男人在一起的生活。

瞧，这就是巴黎女人的秘密，给了她泛红的双颊，她满含憧憬的沉思似的微笑。她对爱的爱。就算有一天，她喜爱的对象变得面目全非，她的感情依然如旧。她有着难以置信的忠实，只是并不局限于同一个男人。

迷失在这些自我创造的罗曼蒂克里，在她的余生中，直到咽下最后一口气，她成为自己爱情故事的女主角。所以，让理智见鬼去吧。

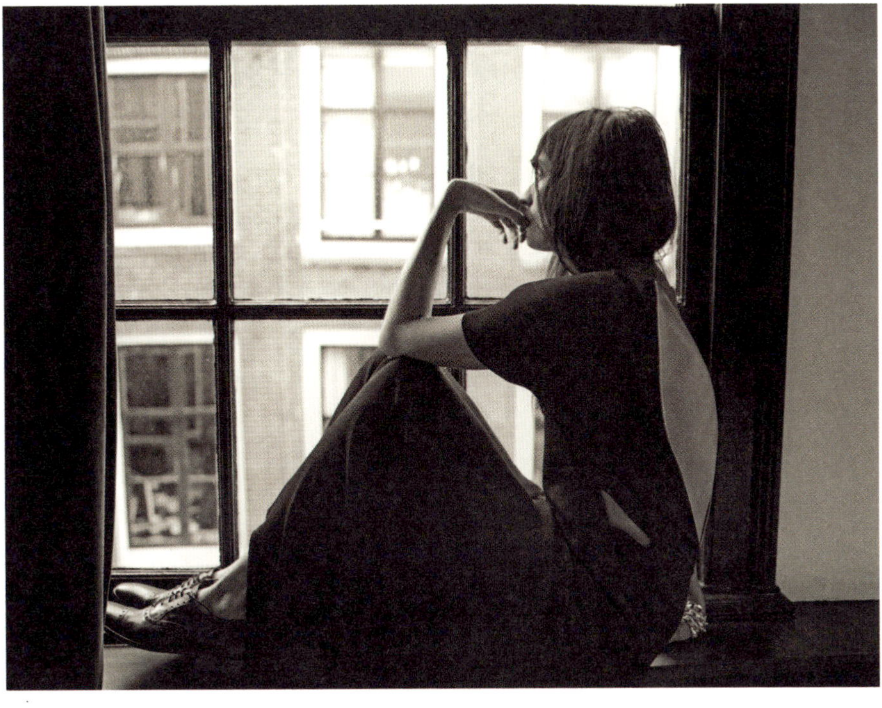

妈妈对于
爱情的忠告

她从她母亲那里收到这些智慧的话语,并且在我们蹒跚学步时就传给了我们。它们贯穿于我们的人生中,重复出现,一开始是基石,然后成为指路牌,最后变成格言。说实话,我们并没有一直同意这些看法。随着时间流逝,我们甚至对它们感到不耐烦,因为它们打乱了我们的计划。最后,随着我们长大,终于,我们意识到,母亲永远是对的。

无论你有没有小孩,把这些传下去:

* 不要以年龄为借口。

* 仅仅是爱是不够的,你需要努力。

* 时刻做好准备,他可能就在下个街角出现。

* 经济独立,这样你才能为爱而爱。

* 如果你并不需要相互的爱,那是因为你还爱着他;如果你需要相互的爱,那就说明你不爱他了。

* 如果真是合适你的马,他会愿意戴上鞍袢。

* 你不能因为只有一次生命,就一直害怕自己将它浪费了。

满怀柔情的眼睛才是最美的眼睛。

——可可·香奈儿

一点点
额外的东西

"你怀孕了！"多好的消息啊！但在生命的语法里，"怀孕"这个词是形容词。它修饰了你，但没有定义你。

你利用新发现的乳沟来尝试低领衫：你很性感。

你微笑，你哭泣，你发出歇斯底里的大笑：你是面临崩溃的女人。

你宁愿在H&M买超大号衣服，也不去孕妇服装专卖店：你有品位。

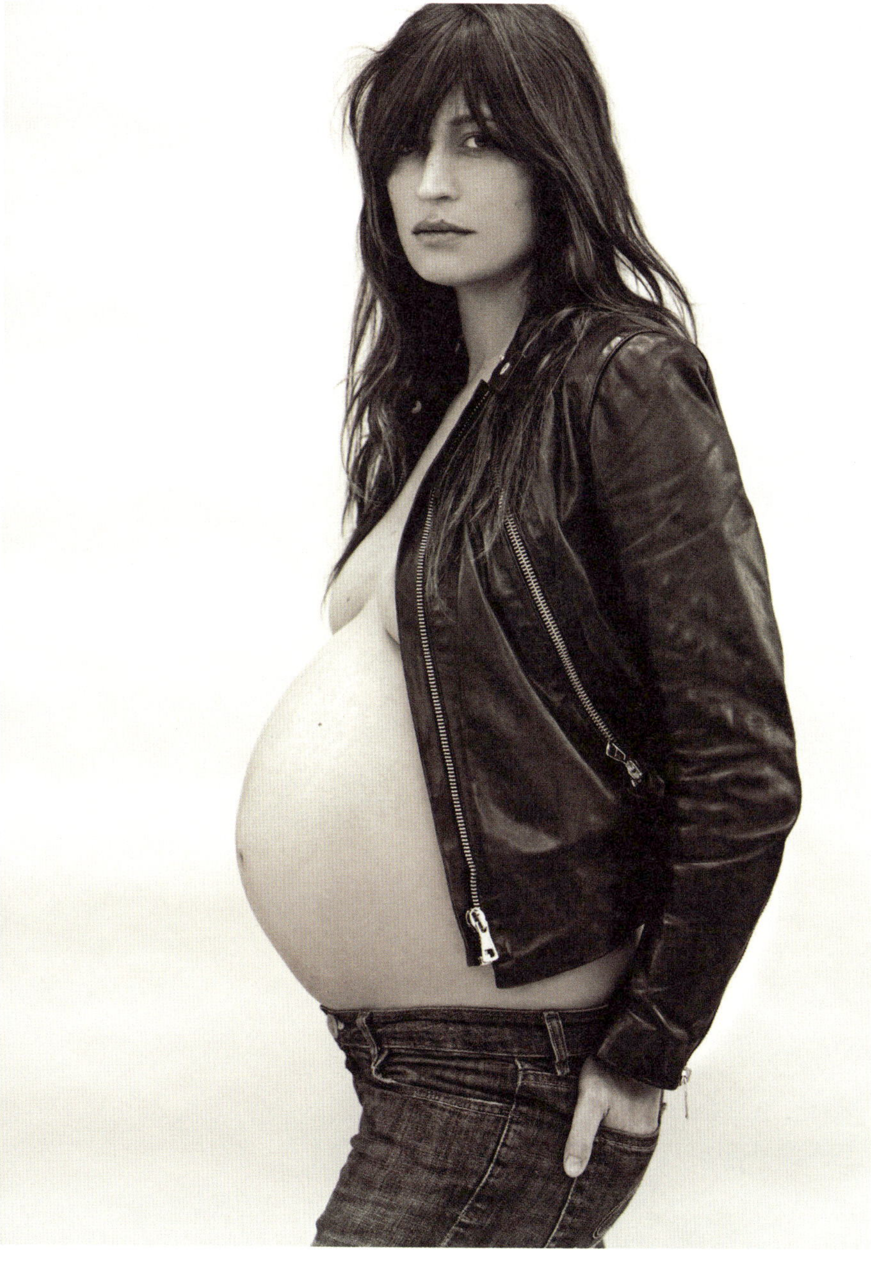

你并不把自己视作第八大奇迹：你是现实的。

你并不向你的同事抱怨妊娠纹：你低调。

你宁愿讨论你刚看过的电影，而不是分娩呼吸法：你很合拍。

你享受每一个当下的幸福，感觉自己幸福得要爆炸：你是一个不缺爱的女人。

你不和你的小叔讨论会阴切开术：你符合礼貌。

你并不相信你的肚子让你有权享受特别照顾：你是成年人。

你并不在你的社交圈里分享你上次做超波声的照片：你有自己的秘密。

你不准备开一个新生儿欢迎会：你不需要庆祝那场八个月前的做爱。

直到那天你走进产房，你一直穿高跟鞋：你绝不投降。

你不喝血腥玛丽鸡尾酒，改喝不含酒精的血腥玛丽，仅此而已：你不是圣徒。

你并不因为自己没参加上次孕妇培训而满怀负罪感：你是自由女性。

你并不让这个生命阶段重新定义自己，这只是你成长的一个阶段。你是个怀孕的女人，意味着你首先是个女人。只是多了一点点额外的东西。

派对

现在是晚上十点五十九分。

当你终于关闭电脑时,眼睛已经因为久盯着屏幕而发红。你的同事们早已离开。你多么希望有谁还在,一个大活人可以见证,甚至为你超长的一天工作鼓一下掌。你关上门,跳上摩托车。你需要找人陪伴——任何人都可以。你原本并不想去见那个参加不知道什么派对的时髦女友,但是,派对终究是派对。在这个倒霉的时间,当你强烈希望有人陪伴掷几把骰子时,随便哪个朋友都可以。

四十分钟以后,你和那塑料香槟杯一样,都已失去了欲望。你盯着书架,假装很感兴趣。

——啊,酒怎么样,泽达?不错的派对,是吧?

某个褐发小伙过来搭讪,显然很高兴你落了单。你躲闪着谢绝他:

——你没有别的人说话吗?

——我有,但他们不如你有趣。看着一个漂亮女孩在派对上孤身一人,在午夜面对一堆书踢着高跟鞋……这看起来不怎么好。

——如果你喜欢某人,应该很健谈,你是……

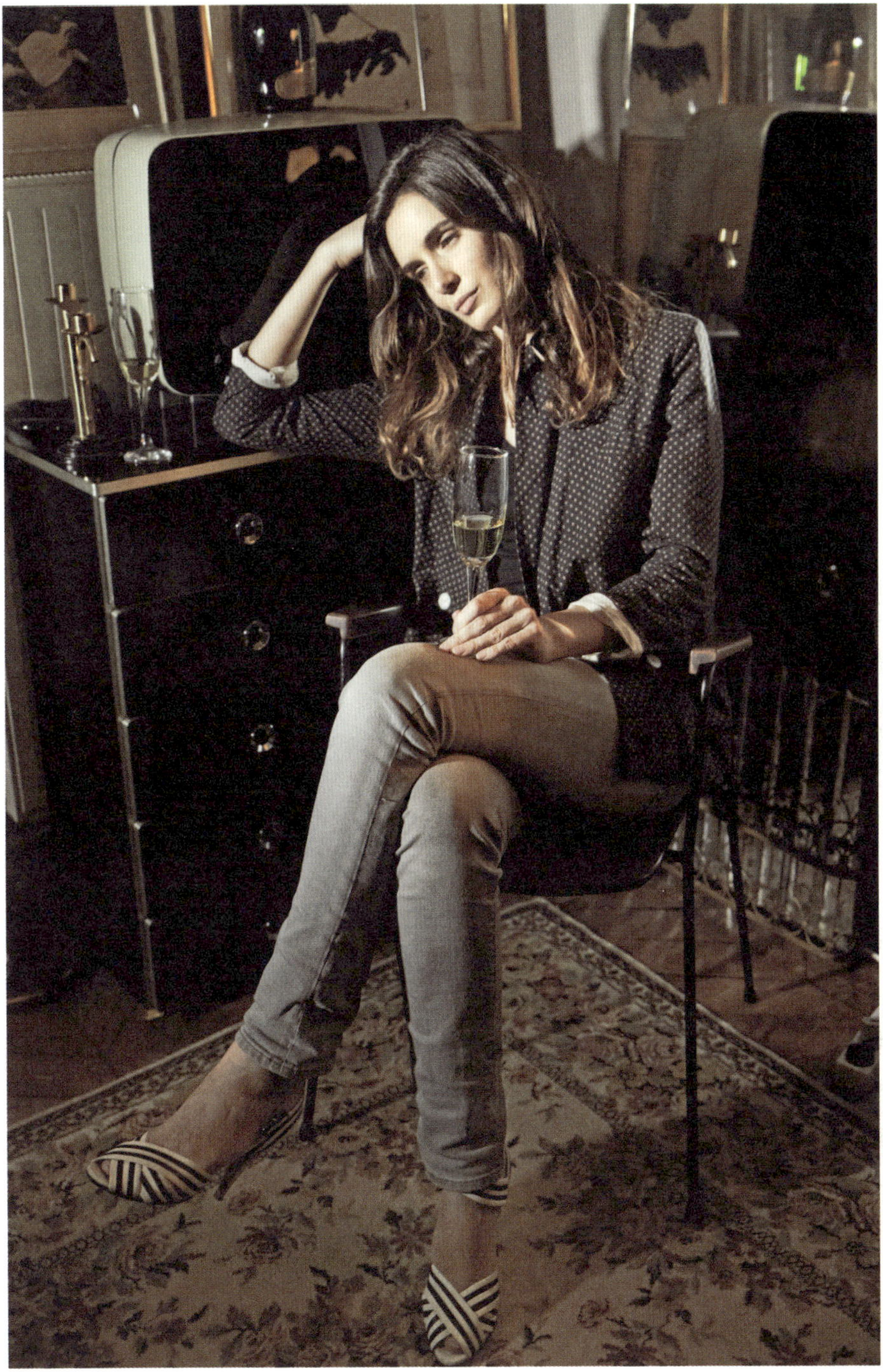

——谁说我喜欢你了？

这个动物比你想象的聪明。你们俩都清楚他说得没错，但你还是不想缴械投降。不过你要面对现实，你孤单地出现在这里，无可救药的孤单。那个原本要见的朋友早已消失，你不会为此感到惊讶：在巴黎，夜晚，每个女人只属于她自己。

你告诉自己摆脱这个男人纠缠的最好办法可能是保持沉默。你转过身去，集中注意倾听身边那两个喝醉了的女孩交谈。

——等等，我没懂……

——我发誓，他告诉我说要"上我"！

——天啊，他们都疯了吧……

——是啊，但奇怪的是，这种话让我动情。

你没有时间思考她们的无厘头诗篇。那个不肯放弃的男孩，感受到了你的不感兴趣，但还是要再试一次。

——是你一直这么无趣，还是因为我的缘故？

你正准备彻底摆脱这个男孩，却突然发现你那臭名昭著的前男友走了进来。显然，今天是你的幸运夜。突然间，你觉得自己必须看起来很忙，表现出自己对这场对话来了兴趣。装子弹。

——先搞清楚，硬汉——你过来是找我聊天呢，还是侮辱我？

　　他犹豫了一下，打量着你。

　　——我只是想和自己喜欢的女孩搭搭话。

　　——看，我告诉过你你喜欢我。

　　他振作起来。现在你占了上风。但你的前男友隔着房间向你招了招手（真是混蛋），而他的现女友明显地忽略你，继续和别人打招呼（真是骚货）。虽然满心不快，但你还是告诉自己，尽管如此，你身边这个家伙还是帮助掩盖了你的焦虑（真是好汉）。

　　另一个男人也决定展开攻势。但你在他有机会说话前就结束了他：

　　——现在请不要。

　　他夹着尾巴撤退，依然站在你身边的家伙爆发出一阵笑声。他把你毫无怜悯的拒绝全都看在眼里。

　　——你们女人真让我搞不懂！你们都自称是女权主义者，相信男女平等，但当发起第一步时，还是和以前一样。

　　你跳了回来，准备最后的战役。

　　——听着，我们互不认识，所以我准备直话直说。你不能因为以前别人伤害过你你就责备我。

他盯着你看，眼中出现了一种恶作剧的光芒。

——不，你听我说。让我告诉你作为男人意味着什么。这样，下次如果有别的男人冒着生命危险试图和你说话时，你会三思。作为男人，他要做到：

1.知道自己被拒绝但不会因此感觉自己受伤害。

2.若无其事地回复。

3.即使知道自己面前的女人正在和他自己身后的其他男人眉来眼去，仍然会去找一些有趣的话题。而那个男人显然已经和这个女人睡过觉，却不再有兴趣去争夺她的注意力。

4.继续和她交谈，不去自问为什么另一个男人没有为取代自己的位置而斗争。

5.即使她侮辱了另一个男人，仅仅是因为他大胆接近她，自己也要保持绅士风度。

现在，你知道他打好了手中的牌（或许你已经开始喜欢他了）。

他还在继续。

——如果你坚持，这个可怕的女孩最终决定喜欢自己，你必须表现自己。压力在你这边，你必须雄起。你已听过多次的声音在耳畔响起，说道："行动吧。轮到你了。不成功，则成仁！"

即使在你已经克服了对失败的恐惧之后，那个声音依然没有停止。它甚至变得更响了。"别，别！不是现在，时机还没到！"你犹豫了，你挣扎着，然后你完成自己的义务，并没有荣誉或光彩，希望那个女孩不会因此逃避现实。仅此而已。

突然，你意识到这个男孩配得上一场掌声。或者仅仅是一双热烈的手，为他鼓掌。就像你独自离开办公室时配得上一次鼓掌一样。我们都是被忽视的英雄，克服了巨大的困难，却没有人给我们授予勋章。

这个男孩看着你，你朝他微笑。你点上烟，鼓起勇气，你深吸了一口烟，感觉到心都融化了。

——你在开玩笑吗？我以为你戒烟了！

你转过身去，看到你的那位女友终于出现。那个男孩觉得自己不再被需要，优雅地悄然离去。你犹豫了一下，还是离开了你的女友。

不，今夜你将不会独自入眠。

做爱后的午餐——
快乐结局

你们并排躺着,让呼吸平静下来。哈哈——你早就知道,性让男人力竭。你接受他的现实,他抱歉的状态。然后你有了一个极妙的想法。你静静地溜到厨房,打开冰箱,取出奶酪、鸡蛋和一片火腿。你做了蛋饼,打了蛋,加了盐、胡椒和一些牛奶。当黄油在盘中滋滋作响时,你倒入混合物。把面包烤上,并开了瓶红酒。你得赶快,得赶在他睡着之前。在奶酪和火腿边上,你放上烤面包、一杯红酒和冒着热气的盘子。不到十分钟,你已回到卧室。

你把托盘放在床上。

他慢慢地睁开眼睛。

生活真美好。

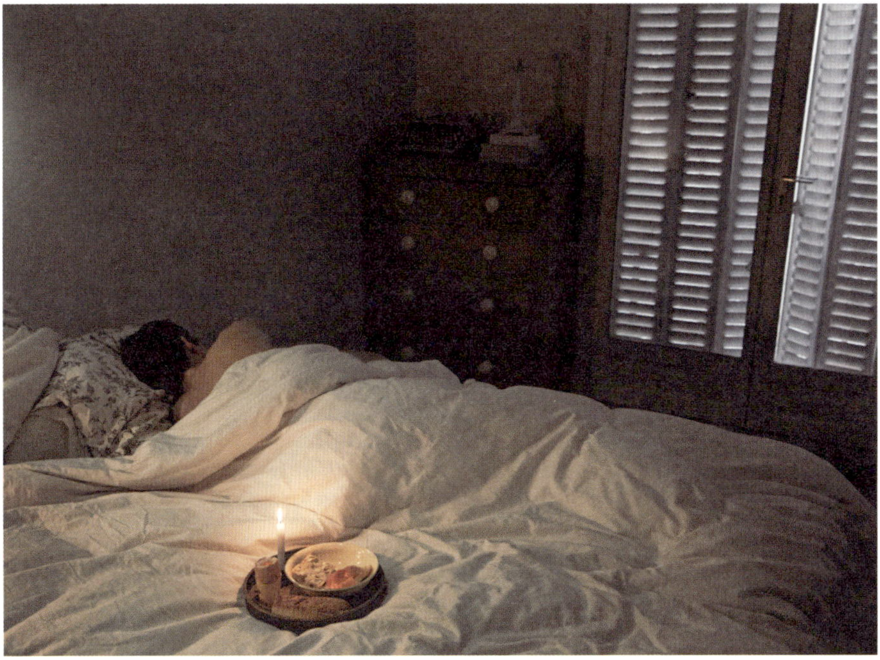

裸体

虽然在法国媒体上出现裸露的胸部早已司空见惯，人们很早之前就不再大惊小怪，但巴黎女人在裸露自己的身体方面还是比较保守的。虽然法国人早在一百五十年前就画了《世界的起源》，但这并不意味着我们随心所欲地光着身子到处走可以被大众接受。

裸体只在作为特定景象时才被接受，就像情人之间的游戏，它必须不让人感觉无理由和世俗化，也不是想当然可以随心所欲的。必须有充足的理由和意义。

当你裸体走动时，你允许其他人看见自己——那个和你在一起的人应该知道你有意如此。你推动了气氛。即使你处于一个长期关系中，也不要无精打采、姿态随便。抬起你的头。你已了解你自己的身体，知道如何让它更美丽地呈现。

在没穿衣服时，你是另一个女人：如果你不喜欢自己的屁股，侧身走，将后背对着墙，展现你的胸部。如果你的腿太短或大腿太粗，踮起脚走路。如果你不喜欢你自己的胸部……做些什么改变它们一下，但现在，先抱起手臂，在床上时，尽量采取仰卧的姿势。

总而言之，你不应臣服于一定要有完美身体的崇拜——学会如何最好地展现自然的你。

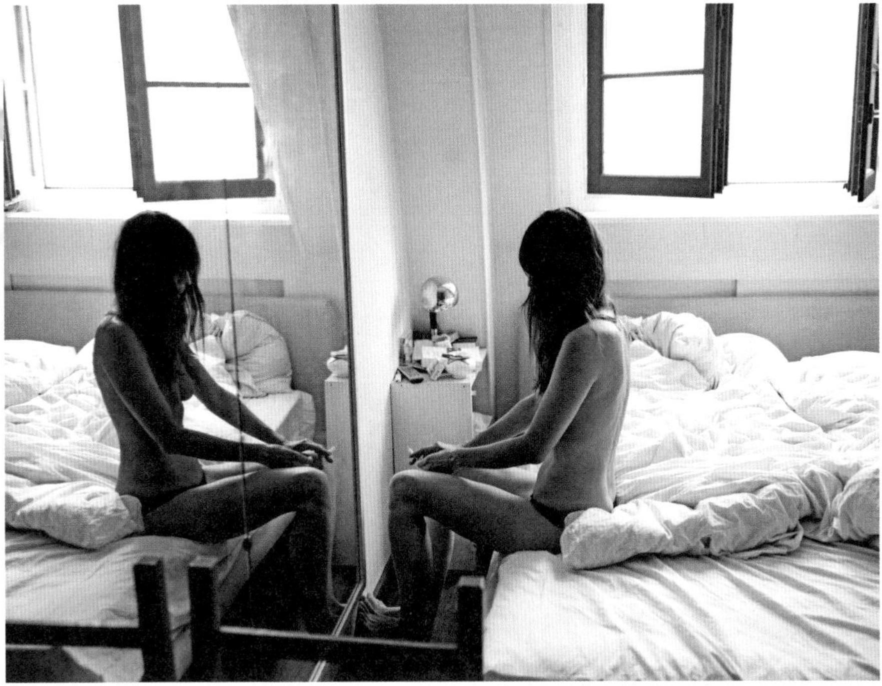

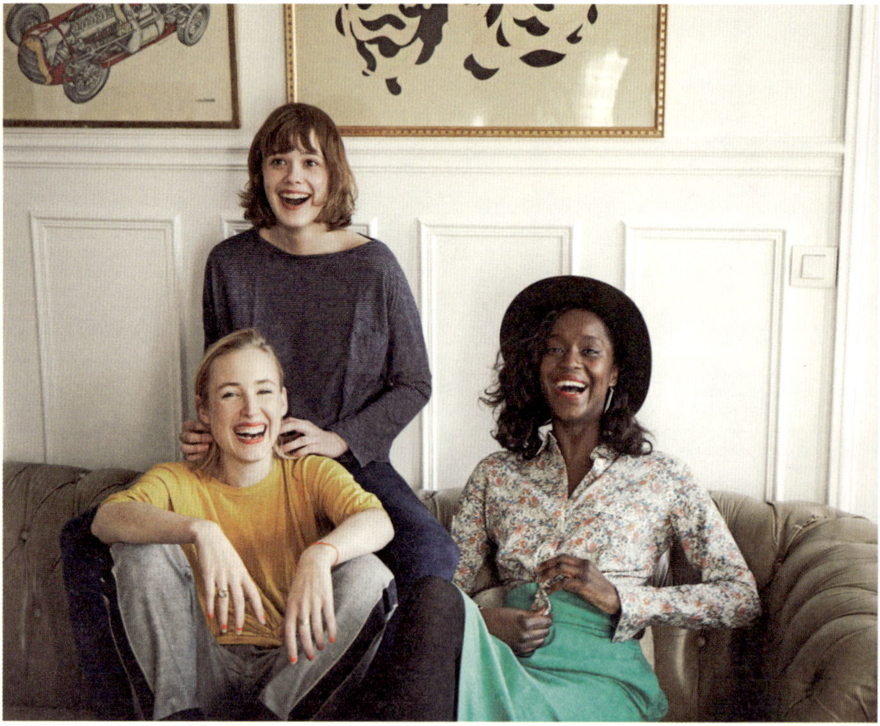

女友群

第一印象里，巴黎女人看上去互相不会特别亲密，理论上说，如果一间房间里同时出现两个巴黎女人，显然是太多了。常常是她们初次见面，就互相打量，明枪暗箭，就好像她们把当年的美国西部搬到了现在。但这种敌意并不持久。

不知道这是策略、常识还是长期浸淫的女权文化，或者她们之间的确存在互相喜爱，但事实是巴黎女人团体作战的确出色。她们喜欢组成小规模但稳定的团体，而且成员间性格和能力互补，团体的质量远远超过个人，更让人喜爱和受到吸引。

尽管巴黎女人非常自信，她们依然了解自己在生活中还需要别的女人：早已失散的童年伙伴多年后再次相遇；那些见证了她的所有第一次——初吻、逃学、被拒绝、初夜和事后避孕药——的中学女友，还有那些相伴一生的朋友，那些她可以永远依靠的，那些在自己被抛弃后可以拎着行李突然出现在她们门前的朋友。这些朋友居然都同时怀孕，可能是因为她们互相之间无法生子的缘故吧。没有女友群的巴黎女人是不完整的。

离去的人

你认识这个男人很久了。

你知道他英俊、风趣。坏孩子还特别招女人喜欢。

你第一眼见到他,就喜欢上了他。

说起他——他喜欢你。你是他唯一的女人,名至实归,让他眼中放光。一句话,你是他唯一爱的女人——当然,在他母亲之后。

在所有可能的世界中最好的那一个里,一切都很完美。但是虽然这个男人爱你,喜欢你,他却并没有堕入爱河。

看起来很奇怪——尽管你有那么多优点——他从来不费尽心机和你睡觉,更不用说娶你,或和你生孩子。甚至连接吻都没有!

你母亲梦想着你嫁给他("我相信他只是在等你下决心。"),你最好的朋友建议你把他灌醉好让他迈出勇敢的一步("他只是害羞!"),你的邻居建议你裸体站在他面前打电话("这是检验他是不是同性恋的最好办法。")。

但他不是因为害羞、中了邪,或者同性恋。全都不是。听听下面这个充满智慧的结论吧,因为你的巴黎朋友不会让你自欺欺人:如果什么都没发生,那是因为这个男人永远不想要你。这不公平,也没有什么合理的解释。但这就是生活。你在浪费时间。穿上衣服离开吧。

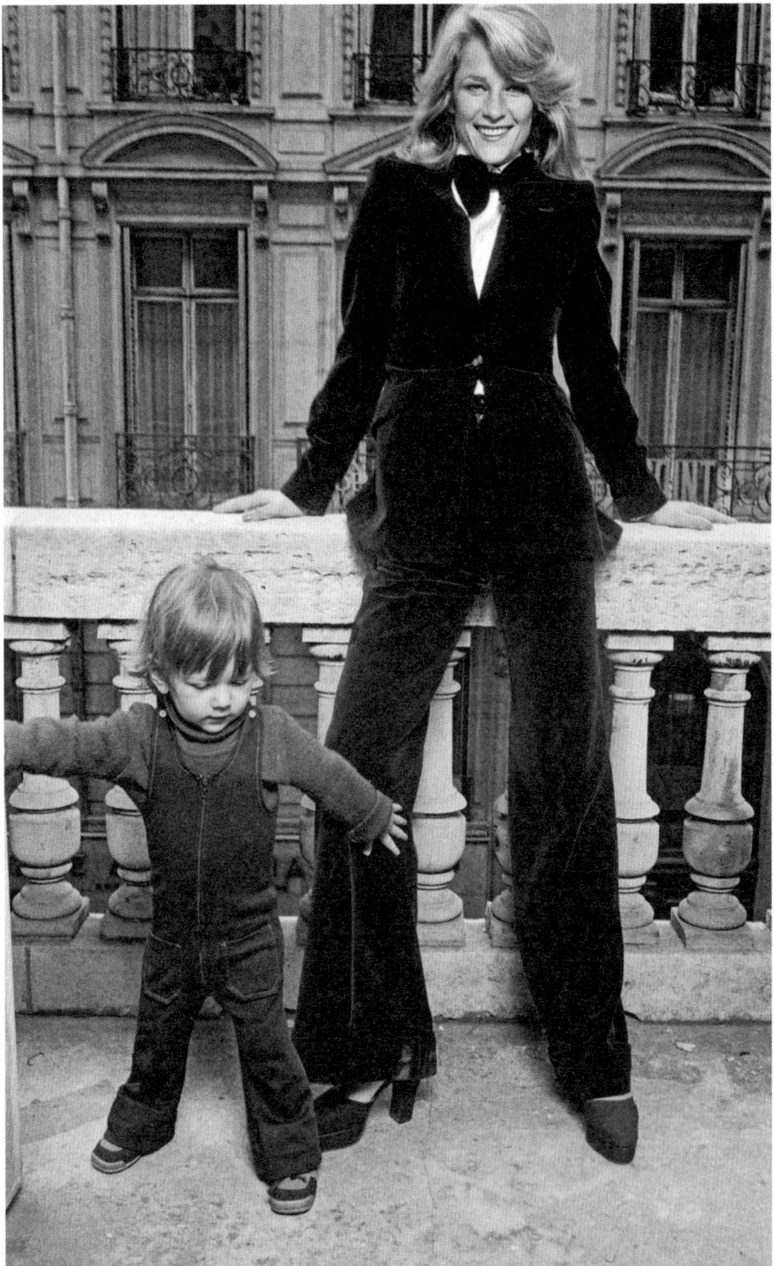

不是婚礼

从统计上说,巴黎女人不太爱结婚。即使她们和同一个男人生活在一起多年,甚至有小孩。

在法国的首都,结婚并不流行,因为那里的女人们更喜欢"自由的感觉"、"不以合约证明爱情"和"避免在发誓一生相伴时撒谎"。谁知道明天会发生什么呢?

说了以上声明之后,真相是:每个巴黎女人都梦想着自己的婚礼。它永远存在于她们的脑海中,一个念头,一个白日梦,一个计划。

下面就是,看起来有些奇怪的、典型的"她生命中最美的一天"应该的样子。别忘了,这些巴黎女人有着奇怪的品位。她们喜欢大吃生蚝和蜗牛。

求婚

通常,是她求的婚。显然,和其他每个人一样,她希望这个时刻新奇而独特。

但她也不想自己未来的丈夫被藏在马卡龙里面的戒指噎死,所以她选择了更直接的方法。

——提醒我,你的中间名是什么?
——我现在在市政厅。我在预约婚礼日子。你不介意吧?

婚礼筹备师

作为成年女性,她能自己穿衣,自己生孩子,对父母说他妈的,独自应付疾病、老板、日常不公和成千上万的其他责任。她才不要一个疯狂、歇斯底里和到处受挫的婚礼筹备师来告诉自己如何安排自己的婚礼呢。

——亲爱的,你确定十二月二十七日是结婚的好日子?
——是的!我们的婚礼可以是你们家在圣诞假期中度过的一个有趣夜晚。
——好吧。或许这个主意不太坏。

告别单身女派对

在法国，我们称这个聚会为"少女的葬礼"，尽管巴黎女人这时告别少女已经很久了。所以，她不会选择在晴朗的周末，到海滩上，以开场讲话、拍照、礼宾车等构成的一个仪式，而是邀请自己最亲密的朋友——男女都算，因为她最亲密的朋友或许是的她前男友——去一个可爱的学校老啤酒店。在那里，喝着香槟，吃着血肠（见"你需要了解的十五个词"）。开吃。

——让我们为未来的新娘举杯！
——干杯！干杯！
——嗨……说真的，你为什么要结婚呢？
——因为如果有一天我想离婚，结过婚会方便很多。

结婚礼服

把自己弄得像奶油裱花似的绝对不行。她将穿着黑色或海军蓝的燕尾服结婚。或者是古老的宫廷礼服。或者，如果是冬天，就穿一件巨大的白色裘皮大衣。她精确地知道自己需要什么，不需要拉着她朋友试遍城里每一家婚纱店浪费她们宝贵的时间。

——这件衣服挺适合你的，是为了什么特殊场合吗？
——只是我的婚礼而已。

婚戒

巴黎女人渴望简单的戒指，不用钻石，不用闪闪发光。一个有特别意义的家传戒指就可以了。或者一个和她男友旅行时用零钱买的铜箍。她不想用一块沉重而昂贵的石头拖累自己的剪影。

——你不会每天都戴着这个结婚戒指吧？
——你开玩笑吧？下一步是什么？我是不是还要改成我老公的姓？别胡思乱想啦。
——那你为什么要结婚呢？
——我迫不及待地想要接起电话说："等下，我去叫我老公。"

婚礼地点

当然是巴黎。先去她所在区的市政厅，然后去做礼拜的地方，如果她有宗教信仰的话。香槟祝福在那个位于城内某个可爱广场的她很熟悉的小饭店举行。不需要洛林的城堡或勃艮第租来的豪宅。晚上，所有人都去她的公寓，那里将专为这场仪式放满白色鲜花。朋友以及朋友的朋友将兴高采烈地破坏整个房间以示庆祝。诗歌朗诵、唱歌、投影和其他仪式绝对禁止。那天，所有的一切都将是即兴的——包括讲话。

客人

她只邀请自己想见的人——不会超过二十个。首先，她没钱招待所有的人，也不觉得有必要让她的父母或公婆支付这个聚会。这样更好，因为她不再觉得有邀请她公婆或父母的义务。而且自己至今还没有告诉他们……

——你结婚了？我不敢相信你竟然都不告诉我们！
——你和爸爸结婚时邀请了你父母吗？
——他们当时已经过世了！
——你看，这就是我没邀请你的原因，你总是把什么都归因于你自己所受的苦难。

蜜月

巴黎女人不要传统的蜜月旅行。她会在巴黎最豪华的酒店——例如在俯视孚日广场的皇后亭酒店里住一晚。她的秘密婚纱实际上是她偷偷给自己买的丝质内衣。第二天早上，她将和她的白马王子手牵着手，光着脚走回自己的家，和真正的灰姑娘一样。

分开的卧室

现在夫妻常常不分房睡。几十年前，我们的祖父母依然守着这个传统，他们的睡房之间隔着厚厚的墙和简朴保守的风范。在我们很小的时候，这种习俗就已显得老旧过时甚至奇怪。但从那以后，我们又长大不少，有了两个新发现：第一，夫妻有时候需要一些自己的空间。另外，现在，昂贵的房租令我们没法向过去两个卧室的习惯投降。于是有了"分开的卧室"这个主意，它不是像字面上所指的那样，她和他分别拥有独立的房间，而是指两人常常分开睡，可以互相思念。有时我们强迫自己这么做。我们突发奇想去乡村，或者在女友家待到很晚，秉烛夜谈，一下子决定借宿一晚。或者我们甚至故意出差，寻找不得不分离的工作机会，然后小别胜新婚，作为平淡生活的调剂。仅仅为了听到他在电话里说"没有你，真冷"时的一份感动。

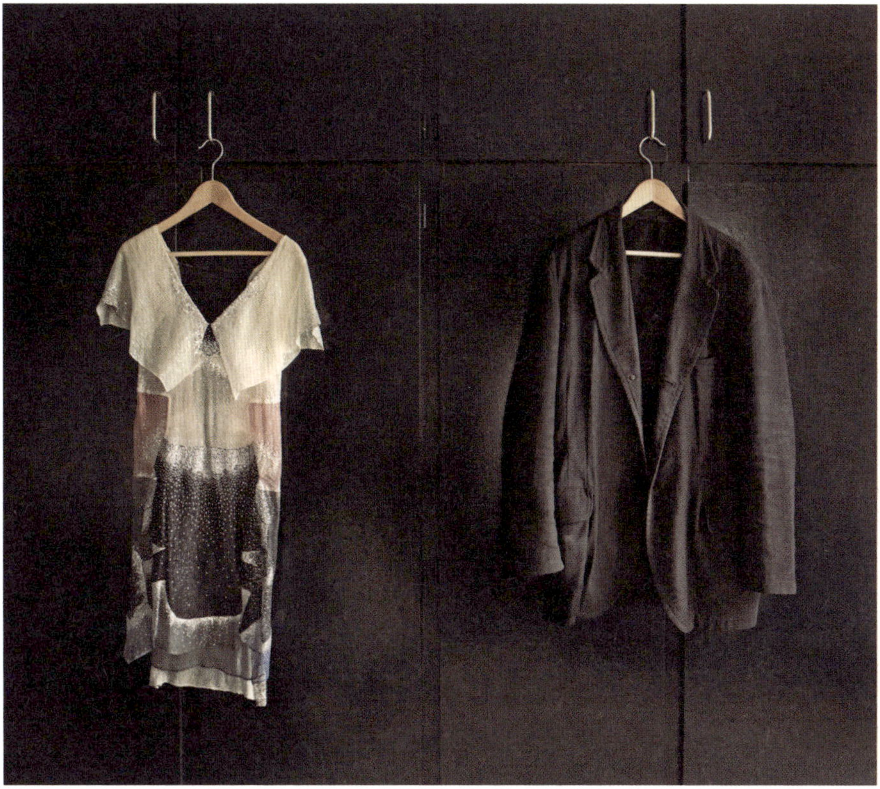

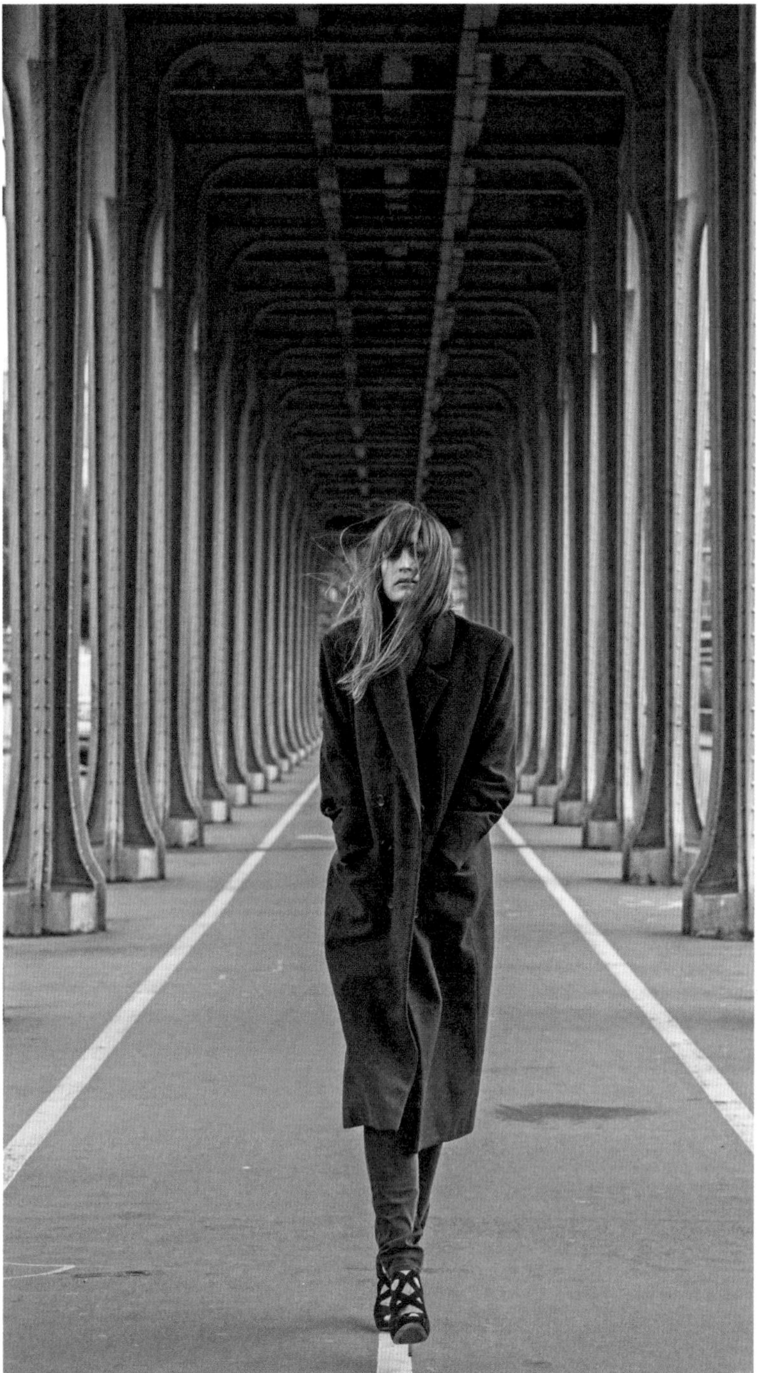

坚决相信自己的运气，抓住你的幸福和勇于冒险。他们将注意到你并学会接受你。

——勒内·夏尔《早起者》

巴黎生活场景 4

—FOREVER?

—YES my Love.

—EVEN When I'm OLD, and FAT and UGLY?

—EVEN WHEN YOU'RE OLD, FAT AND UGLY.

—DIRTY LIAR.

5

巴黎女人小贴士

巴黎女人的
一天

巴黎女人的一天

早上在上班路上与当地咖啡馆侍者以贴面礼打个招呼。

不吃早餐。

吃午餐时一个人看报。

准备晚餐时在厨房听收音机。

在晚上七点半和十点半之间喝至少一杯红酒。

将你在买菜时听到的俏皮话记在你的笔记本里。

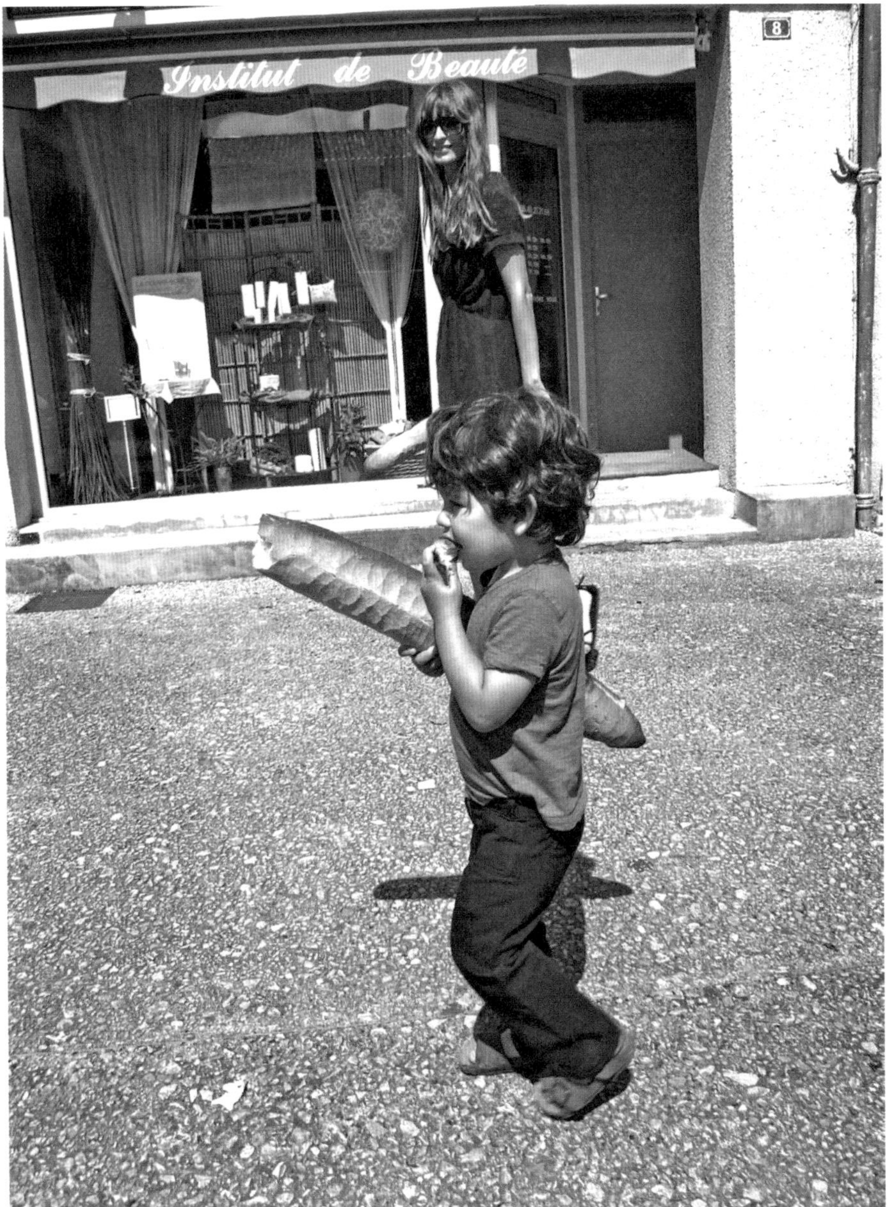
Institut de Beauté
8

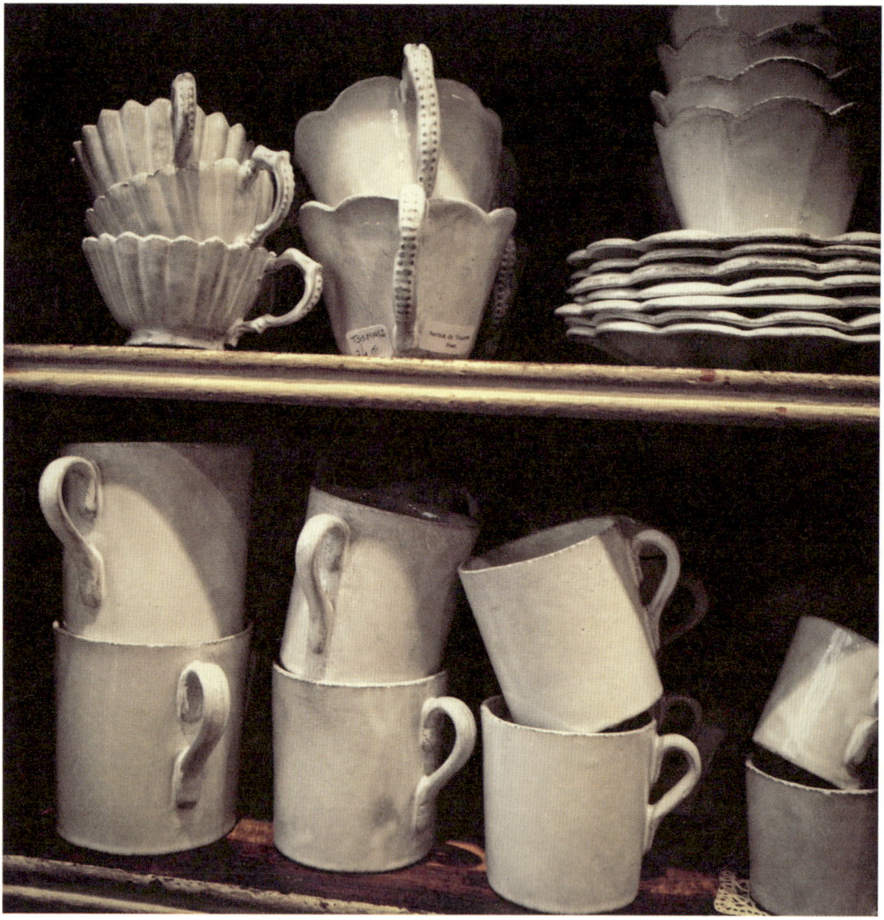

离家前总是使用香水，尤其是在后颈和手腕处。

永远不要换鞋——即使那五英寸的鞋跟让你在地铁上吃尽苦头。

决定重新安排你的家具。

等明天再实施。

不管多么不可能，你意识到自己再一次堕入情网，但这的确不可能。

戴着你的珠宝上床，但卸了妆。

巴黎女人的一周

去外省上班。发誓永远不住在那里。

和你最好的朋友一起窝在沙发里看一部老电影。从来不在床上看。巴黎女人从来不喜欢在卧室放电视机。

组织一次巴黎式的晚餐聚会。

与每个人说话都用同样的声调，不管对方是你父母、出租车司机、你的上司、你在酒吧遇到的名人还是街角卖报的小贩。

把星期三晚上当星期六过。

给自己买花装饰自己的公寓。

参加一项艺术兴趣活动：加入摇滚乐团，参加巴洛克合唱团，报名葡萄牙诗歌班，进修写作。

推掉了健身房的锻炼，和一个刚失恋的朋友一起喝一杯。

认定失恋是件好事，因为再次堕入爱河让你失去食欲，少吃进很多卡路里——健身房都不需要了。

见你的心理医生。

在eBay卖掉一双鞋，用来支付给上面提到的心理医生。

原来你的暧昧情事与恋母情结有些关系，这是你在eBay卖掉一双鞋，用来支付心理医生后得出的结论，你正费尽心思想要理解这个事实。

巴黎女人的周末

答应自己这次周五晚上不出去，让自己好好休息一个晚上。

但是，下了班还是要去喝一杯，结果又被拉进了一家饭店，结果在夜店结束了这一晚，再次乖违初衷。

感谢上帝你一直穿着漂亮的内衣——你永远不知道接下来会发生什么。

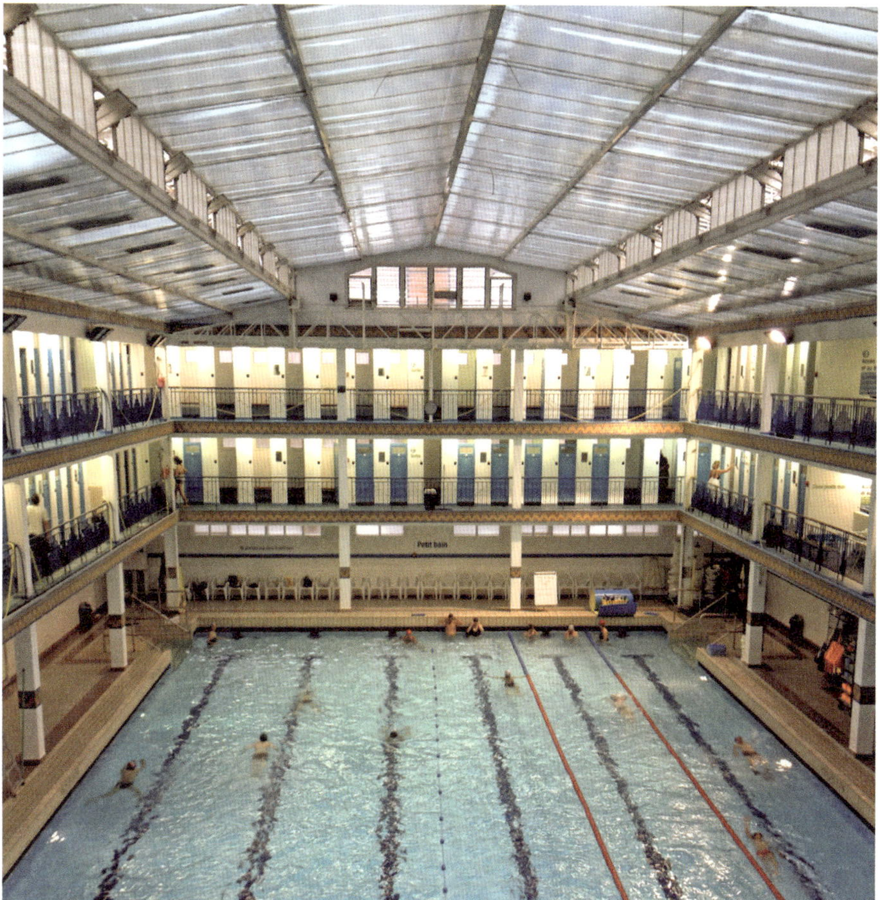
Petit bain

周六早上，在自己最亲密的男性朋友床上醒来，然后开始关于这件事情的"意义"、"利弊"和"前因后果"的长时间讨论。

或者，周六早上，在自己的楼里醒来，看着窗外相同的景色，但似乎视角稍微低了一点，意识到原来自己躺在楼下邻居家的床上。

吃羊角面包和涂了黄油的面包吐司当早饭——因为今天是周六，而且昨天晚上烧掉了太多卡路里。他妈的。

同意（至少一点点）运动，但只在"美丽的"环境中进行：在如画的公园里慢跑或在列于历史保护名单上的游泳池里游泳。

在星期日早上带着你的柳条篮子去市场。用蔬菜、新鲜面包和咸黄油做一顿美味的午餐。

在星期日下午睡个午觉，因为你也没什么更重要的事。如果能和你的孩子或新情人一起睡就更好了。

邀请你的朋友们过来一起吃晚饭来击败周日晚上的郁闷。

如果她们不来，就着一瓶极好的波尔多葡萄酒吃一块卡蒙贝尔奶酪——也可以击败周日晚上的郁闷。

决定下个周末一定要在乡村过。

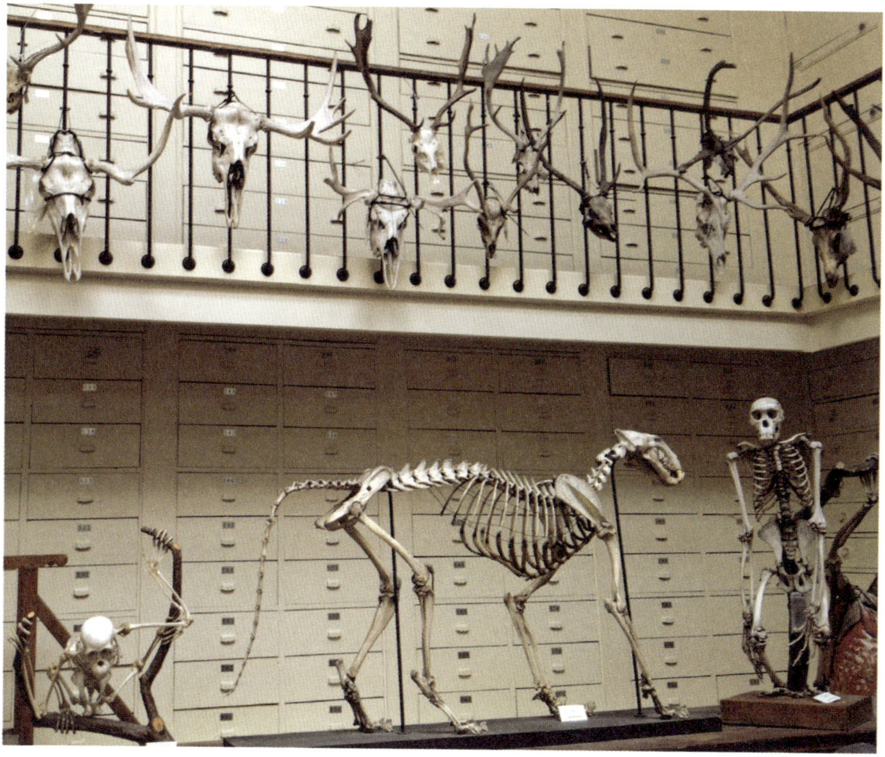

巴黎剪影

不管去哪里,永远把一小块巴黎带在身边。

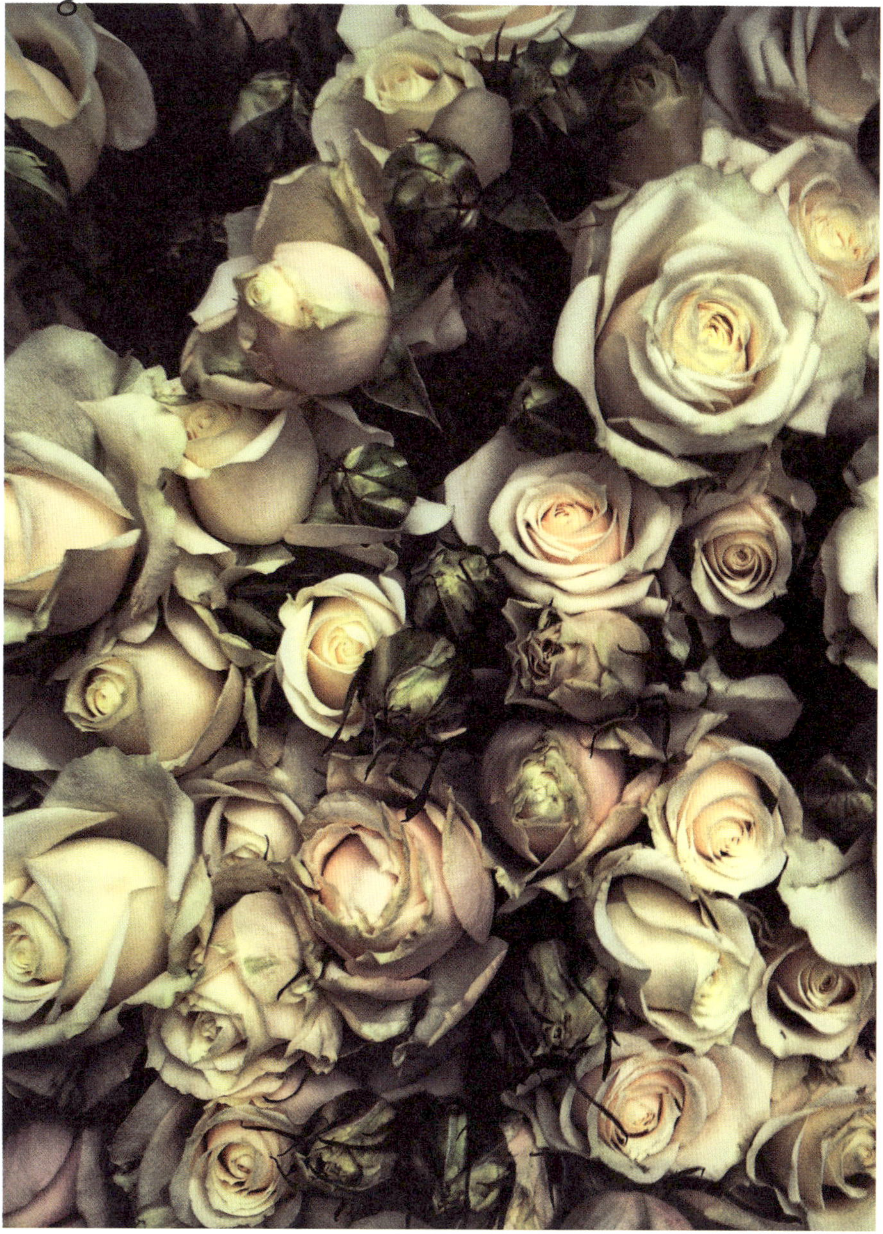

出轨
ABC

规则第一条：否认，否认，否认。

不要有负罪感。这是关怀你自己，不是针对他。

对你好的事对双方关系也有好处：基本上，你只是一个有思想的女友。

你的情人不应该来自你的朋友圈：可以欺骗你的男朋友，但不可以羞辱他。他的名誉和你自己的需求一样重要。

把你情人的电话号码放在"私人号码"下。

放在你最好的朋友名下会更好。（她真的很需要我……）

没有什么秘密可以永远保守。若要人不知，除非己莫为。回到规则第一条。

保护你自己——从健康和爱情（它也会让你生病）两方面。

不要对你的情人抱怨你的男友。谁会想与一个有着一无是处的男友的女人幽会？

保持简单，别以对待男友的方式对待情人。

搅搅浑水，分享爱情：骗骗你的情人去和男友幽会。

让人
相信的
艺术

让男人相信你需要他的秘诀：

你当然可以自己开酒瓶。

但是，让他开。这也是男女平等。

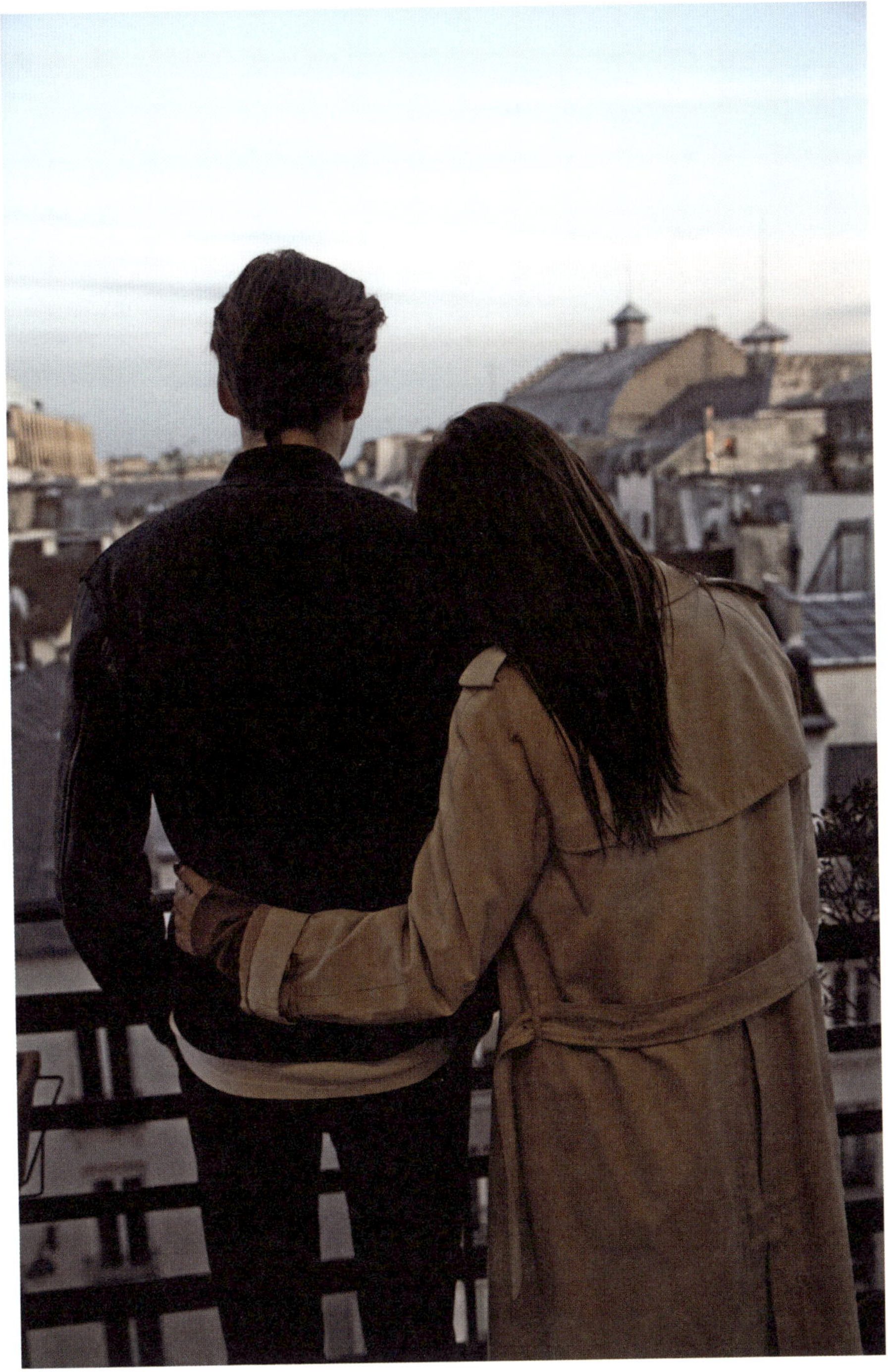

经典（简单）
法国菜谱

巴黎女人热爱她的经典。但如果她的烹饪技艺不过关，她也有些从不示人的救场秘诀。

可丽饼（法式油煎薄饼）

可丽饼是法国布列塔尼地区的特色食物，但全法国家庭都会在忏悔星期二为他们的孩子做这道小食。根据传统，在半空中抛接翻转是件趣事，特别是当它落在别人的脑袋上而不是锅里的时候。

巴黎的小饭店里还有另外一种带焦糖和金万利力娇酒的版本，名叫法式橙酒薄饼。

材料

1 杯面粉

3 只鸡蛋

1 汤匙菜油（不是橄榄油）

3 汤匙糖 (或香草糖)

盐少许

1 到2汤匙水

2 杯牛奶

半杯啤酒

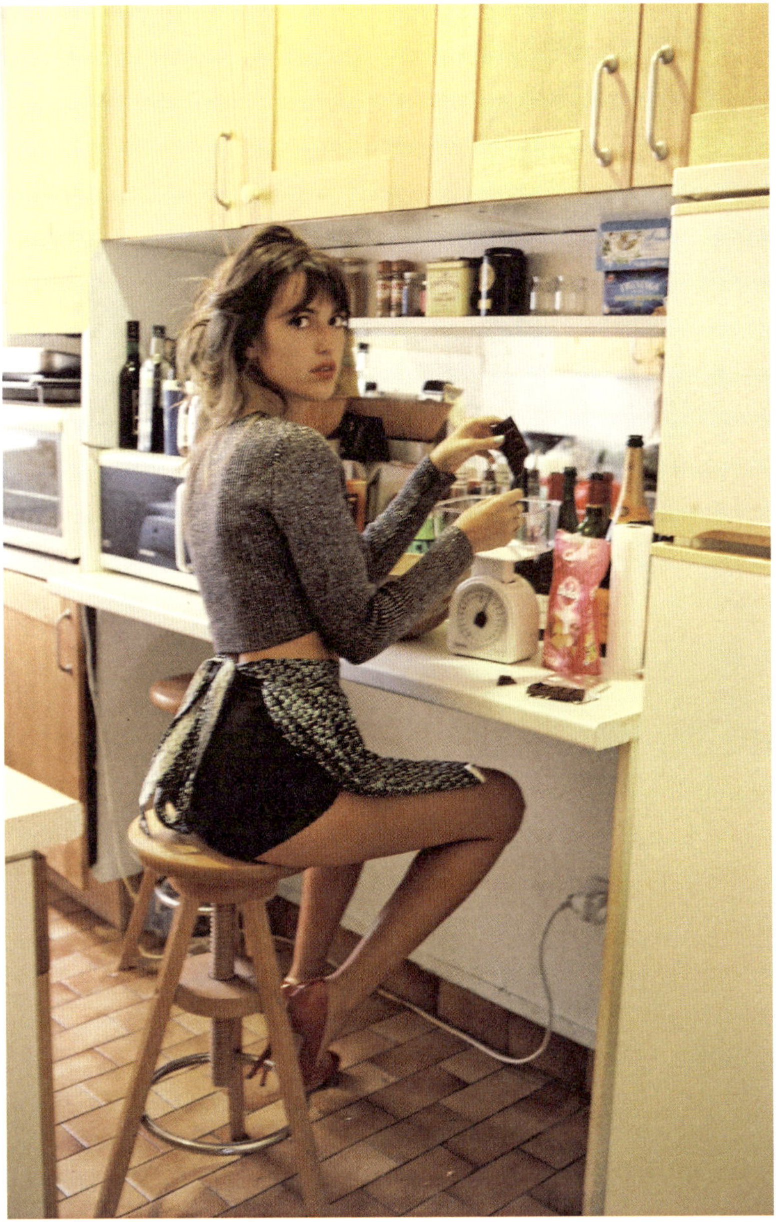

招待人数：4人

准备时间：10分钟

等待时间：1小时

烹饪时间：4分钟 一个可丽饼

将面粉放入大碗。

秘诀1： 先用细筛小网兜筛面粉。这样打出的面糊不会结块。

用手在面粉中间挖一个坑，打入鸡蛋、油、糖、盐和水。用木勺完全混匀。边搅动边加入牛奶，直到完全变成糊状。

秘诀2： 往面糊中加入半杯啤酒，这会让可丽饼松软（酒精在烹饪时会蒸发掉）。

加入啤酒，搅拌，然后用布或纸巾盖住面糊，让它静置1小时。

接下来，取一个大平底锅，用蘸了油的纸巾在锅的表面抹一层油，加热。倒入足够多的面糊，用长勺铺开——厚度不超过一个大头针头或一个普通硬币的厚度。大约2分钟后翻面。如果你胆子够大，可以抖动手腕，在空中翻面。不然的话，就用锅铲吧。

秘诀3： 老妈妈传说如果你在烹饪时用一只手握一枚硬币，会给家里带来好运。

成功！将可丽饼一折二或一折四，撒上糖粉或加入果酱、核桃酱、掼奶油……什么都行！

漂浮之岛

这个甜品是高潮,而且易做,并且热量低。是将一个基本上普普通通的晚餐完美结束的最佳选择。巴黎的小饭馆里常常配以一点点糖浆和杏仁片。

材料

1 根香草豆

2 杯牛奶

6 只鸡蛋,蛋黄与蛋白分开

1 杯半-2 杯糖

1 茶匙面粉,盐少许,焦糖浆(罐头或自制都可以)

招待人数:6-8 人

准备时间:20 分钟

等待时间:10 分钟

烹饪时间:15 分钟

总共:45 分钟

先做英式蛋奶酱:剖开香草豆,放入牛奶中。将牛奶烧开后关火,将香草豆取出。

秘诀1: 你也可以用香草提取物代替香草豆(香草豆很贵)。

另取一碗,将蛋黄打散,加入1杯半白糖,接着打,直到混合物变白并起泡。加到热牛奶中,以小火加热,使其变黏稠。

秘诀2: 可在混合物中加入1茶匙面粉让它变黏稠。

在混合物中加入面粉，同时用木勺不停搅拌，注意千万不能煮沸腾。几分钟后，表面的白色泡沫消失，关火。把它放入冰箱冷却。现在你可以做小岛了。

在一大锅中，加入8杯水，烧开。在中锅内，将少许盐加入蛋白打散，慢慢加入2汤匙白糖，直到混合物变硬。用两把勺，将蛋白小心地做成小球状，并放入滚水。每个小岛需时1到2分钟。蛋白变硬后即完成，确保它们并未完全干掉。将其小心地取出置于纸巾上。每份需小岛2-3个，让它漂浮于放入英式蛋奶酱的杯子内，在上面淋上焦糖浆。

秘诀3：如果你自制焦糖浆，每汤匙水内加入5块方糖。加入一些柠檬汁。仔细看好你的锅，当它开始变色时加入几滴醋，防止烧焦。

蛋黄酱

有些人认为你需要几乎不可能的运气才能做出真正完美的蛋黄酱……无论是否真的这么难，若以自制蛋黄酱和一只煮老的鸡蛋、生的蔬菜或海鲜相配，堪称人间美味。

材料

1只蛋黄

1汤匙加味芥末

盐和现磨胡椒

¼杯菜油

几滴醋（或柠檬汁）

准备时间：10分钟

在一大碗中，将蛋白与芥末打匀，加入盐和胡椒，并加入油，以电动打蛋器均匀打开。要将其打匀需低速操作，你可以在此过程中感受到混合物一点点散开来变厚并混匀。最后加入醋或柠檬汁。如果你愿意，也可以加入豆蔻粉、辣椒粉，甚至藏红花粉增味。

秘诀 1： 提前将原料从冰箱中取出，让其达到室温。

秘诀 2： 蛋黄酱可在冰箱里保存二十四小时，关键是要以保鲜膜覆盖，并"紧贴"蛋黄酱表面。但不能超过这个时间限度。

色拉调味汁

这个东西有无数菜谱和变化：各成一家。有些人用老式的芥末颗粒，有些人喜欢加一点酱油，有些人放一些糖，有些人放入切碎的红葱，还有的必须加意大利香脂醋。不管你怎么玩，下面这个顺序不能搞错。

材料

盐

1 份醋

1 份水

2 份橄榄油

胡椒

将所有成分在碗里混匀。

秘诀： 先放盐，然后放醋，再加水，然后加油，最后放胡椒。只要按这个顺序，错不到哪里去！

接下来，就是你发挥创造性的时候了，加入你能想到的各种东西：香菜、韭菜、芥末酱……

摆桌

你不需要为准备晚餐聚会而购买一整套瓷器。还有，你不需要任何"主题"装饰（彩色纸、石头、假花瓣等等）——这不是狂欢节。桌子应该表现出你所拥有的各种器具，但不要显得过于刻意。相反，瓷器可以来自你在跳蚤市场收集来的混搭。

酒杯也不必匹配，但必须干净（不要有颜色），而且要有杯脚。

对于餐巾，那类白色的绣花旧餐巾就很好，它们在eBay上很便宜，你也可以看看你祖母的抽屉里有没有多余的。

没必要把餐巾折叠成复杂的日式折纸工艺，简简单单放在盘子上面或旁边就好。

在巴黎女人的餐桌上，你经常能看到拉吉奥乐酒刀，得名于生产此刀的法国城堡。它的标志是刻在刀把上的昆虫。

除非你的桌子漂亮无比，不然最好还是铺块桌布。旧的亚麻布就很好。白色或有色的都行。

所有人的桌上都有打开的红酒和一个水罐（别用塑料瓶）。如果你没有小盐瓶，把盐放在两个小碟子里，分放于桌子两头。木制的大号胡椒研磨器学名叫Rubirosas，得名于那个多米尼加花花公子，是放胡椒的最佳器具。

壁炉架上

* 度假照片。福门特拉无人海滩的风景也好，卡普里岛的Malaparte豪宅也可以。

* 一张有着俏皮标题的剪报。

* 一张电影海报，从书或杂志上撕下。

* 照片。你现在的照片（不要过于美化——不是那种自夸"看看我有多漂亮"的一类）。一张你小时候的照片，糊掉的宝丽来照片，或在自拍亭拍的黑白照片。

* 一张你喜欢的电影票根。

* 你喜爱的艺术展票根。

* 来自你最好朋友的鸡尾酒会/首映式/订婚仪式的邀请。

* 让你发笑的格言（音乐会票、明信片在边上发光）。

* 你的第一张驾照或旧身份证。

* 打动你的一句话，一首小诗，一封手写的信。

* 你在古董店或老家发现的黑白老照片。

* 在各地收集的贝壳。

* 那些跟随你一辈子、让你看着就充满喜悦的东西，因为它们讲述着你自己的故事。

你会长大成人，我的儿子

女权主义者和享受骑士礼貌并不矛盾——恰恰相反。做出努力，积极参与：不需要付出太多，但可以改变世界。在当今这个野蛮世界里看到优雅和完美是多么赏心悦目。如果你鼓励他的骑士精神，男人可以变得更男人，女人更女人。

所以，这些都是正常的：

他为你开门。

他替你拿行李和购物袋——女人只需要拿自己的手袋。

他替你倒酒，你不需要碰酒瓶。这也符合他的愿望——这样你醉得更快。

他送你回家，等你关上大门才离开，即使他想上来而你不想。让他等待一下——就一会儿——对所有人都好。

光

给你的公寓创造一个良好的气氛远比购买合适的沙发或选择最新颜色的Farrow & Ball牌油漆重要。事实上，你家里的装饰和布置应该根据屋子里的自然采光来进行。日间采光决定了你家具的安放和房间的节奏。

把光线想象成化妆。用柔和的色调来淡化线条。不要用任何荧光，除非是某种装饰本身所带。可以用几个不同光源来创建一个温暖而浪漫的气氛，可以在不同的房间反映不同的情绪。

厨房：这是关键所在，就像是巴黎女人的宫廷。如果你有足够的空间，那就建立两个不同的色调：在餐厅的一边，选择柔和色调来鼓励交流和诱惑；在操作台的一边，采用更直接的灯光，以免在准备羊排时误切自己的手指。

起居室：别忘了强调这间房的转角，以增加空间。用小灯代替大吊灯。当然，如果你从祖父母那里继承了一盏精美的吊灯，而你又可以放入小功率灯泡的话除外。你可以在各处放一些蜡烛，但不要放在矮桌上，下方射来的灯光会加重你的眼袋，另外你鼻子的阴影也会给人感觉你长了胡子。

卧室：用暗光。不要用那些无趣的曲线繁复而臃肿的老式灯具。这里唯一的光源应该来自你的衣橱和你的床头灯，光线不能太强，不然会伤害你的眼睛。

卫生间：这间房间是你最好的朋友。不要让它伤害你的自信！选择美化性的灯光——哪怕用一点欺骗性——让你自己感觉更好些。

游戏

巴黎没有赌场——赌博是非法的。但这并不妨碍巴黎人保持他们喜欢玩游戏的传统。一般人们在晚餐聚会时或酒后围桌而坐玩游戏。参加者多为朋友（人数越多越好玩）。

介绍

"从来没有"（法式玩法）

参加人数：至少2位

所需道具：斟满的酒杯，可以节制或纵情饮用

第一个参加者承认某种自己从未经历过的事，例如"我从来没有和陌生人做爱"。如果她的陈述是真的，她什么都不用做，如果是假的，她需要喝一口（难道是水？）来忏悔自己的谎言。其他所有参加者也需要回答并按此喝酒（水？）。

然后轮到下一位，承认"我从来没有……"

很快，事情就会变得有趣起来。

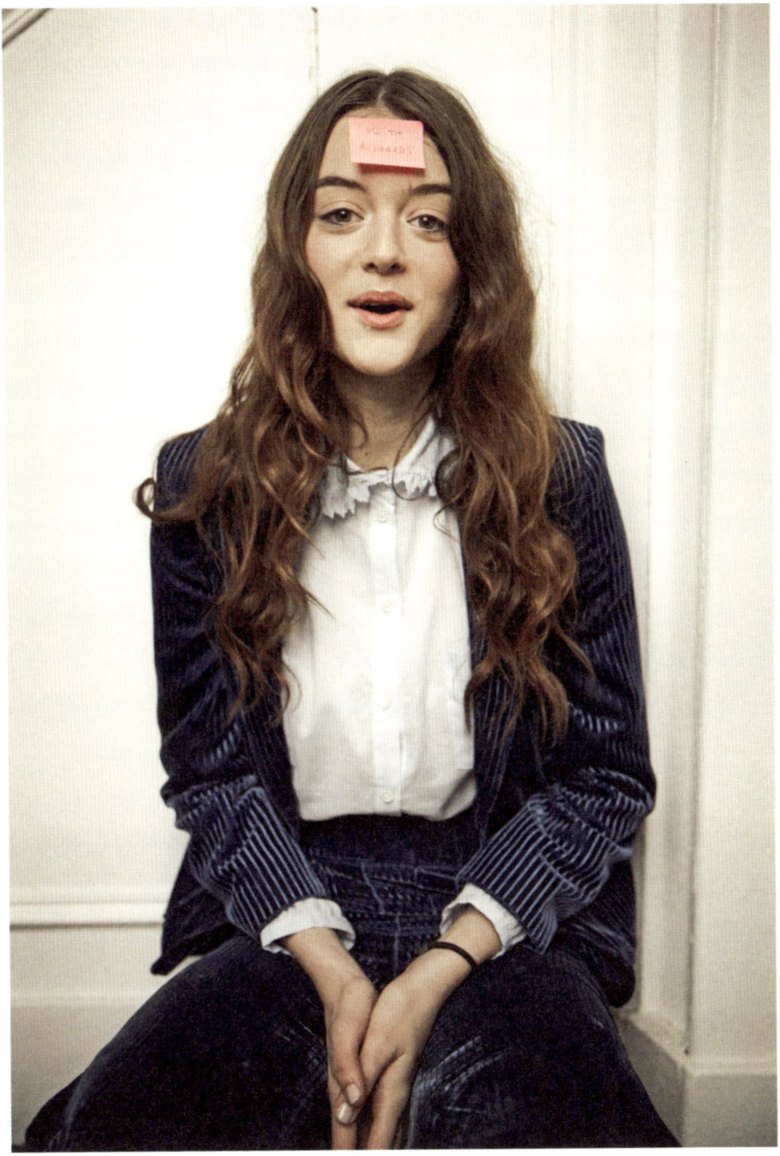

"书的游戏"

参加人数：至少2位

所需道具：一本书

本游戏又被称为占卜师游戏。

从书架上随机抽取一本书，小说或非小说都行。参加者1站起来让参加者2问关于她自己生活的一个问题，就像向占卜师提问一样。然后参加者1让参加者2选择是正数还是倒数。

如果是正数，参加者1将书快速从前往后翻，直到有人叫停。

然后，参加者2必须选择左边还是右边，决定该从哪一页开始读。然后参加者2从1到30中选择一个数字作为行数。如果她选了14，参加者1开始念第14行。此行即是对她问题的回答——经常是以预言的方式，其他所有参与者一起分析这句话。然后轮到下一位。

"字典的游戏"

参加人数：至少4位

所需道具：一本字典、笔和纸

参加者1从字典里选择一个她相信没有人知道其意思的冷僻字。

拼出来后，其他参加者在纸上以字典解释的文笔写下自认为的字义。参加者1在纸上写下真正的字典解释，然后收集所有人的纸片，确保不让别人知道谁写了哪一张。

参加者1读出所有的解释，包括真正的解释，所有参加者投票决定她们觉得哪个是真实的。那些猜对的得1分。

那些写出自己猜想的解释而让别人选它的获得2分。最后得分最高的赢。

"小说的游戏"

　　参加人数： 至少4位

　　所需道具： 几本小说、笔和纸

　　和字典游戏玩法一样，只是用小说代替。

　　参加者1念出小说的第一句，其他人创造最后一句。

"小纸片游戏"

　　参加人数： 至少6位

　　所需道具： 笔、纸和秒表

　　每位参加者在小纸片上写下15位名人的姓名，然后折叠起来放进大碗（帽子、盘子）中混匀。这些名人可以是过世的，也可以是在世的，甚至可以是虚构的。

　　将参加者分成两组，参加者1从碗里取出一个名字，然后不能说话和出声，让自己一组的参加者猜出这位名人是谁。当有人猜出正确答案后，取出下一个名字，继续。目标是在一分钟内猜出最多的名人。

　　如果同组参加者猜不出，运气不好，扮演者接着扮演，直到一分钟用完，然后将该名字放回碗里。直到所有的名字都被猜出，两组比较谁猜出的人名多。

小放纵

巴黎女人的花钱习惯和节食习惯一样——她对自己越严格，就越有可能给自己放假。那时她觉得是时候给自己一个鼓励性的例外，觉得自己急切地需要下列款待之一：

* 一把白色百合，仅仅因为，她喜欢给自己送花。

* 一本初版本经典书籍。虽然内容与再版的一样，但阅读带来的满足感不同。

* 一碟海胆。在法国南部，这东西不值钱，但在巴黎却贵得可怕，让它的味道更加特别。

* 一副超宽墨镜，来隐藏自己一夜欢娱后疲惫的眼睛。

* 一次精油按摩。但这不是真正的奢侈，这是为了自己健康的投资。

* 一个在eBay上看到的罕见老款经典，没有它自己都不知道如何活下去。

* 一个在酒店的浪漫之夜。爱情无价。

* 一支漂亮的蜡烛，让她在家里也能感受到酒店的奢侈氛围——尤其是酒店常常超出了自己的预算。

* 一套蕾丝内衣。仔细想想，或许就买胸罩吧。内裤再考虑考虑。

周日菜谱

巴黎人喜欢在周末去户外市场,那里有经过最少加工的新鲜果蔬。下面是一些简单、清淡而美味的菜谱。

这些都是适合周日的简单菜谱——因为那天你有太多事情要做,不应在厨房花费太多时间!

春天的星期日/芦笋配帕尔玛奶酪

新鲜芦笋,大约每人4根

橄榄油,少许

一只柠檬挤汁(可选)

新鲜擦出的帕尔玛奶酪粉

盐与新鲜磨出的胡椒,以调味

准备时间:5分钟

烹饪时间:15分钟

* 将烤箱预热到华氏425度(摄氏215度)。
* 修剪芦笋。将其置于铝箔烤纸上,淋上一些橄榄油,在已预热的烤箱内烤15分钟。用纸巾吸去多余的油。如果需要,将柠檬汁挤于其上。将帕尔玛奶酪粉末撒于其上。加入盐与胡椒。趁热上桌。

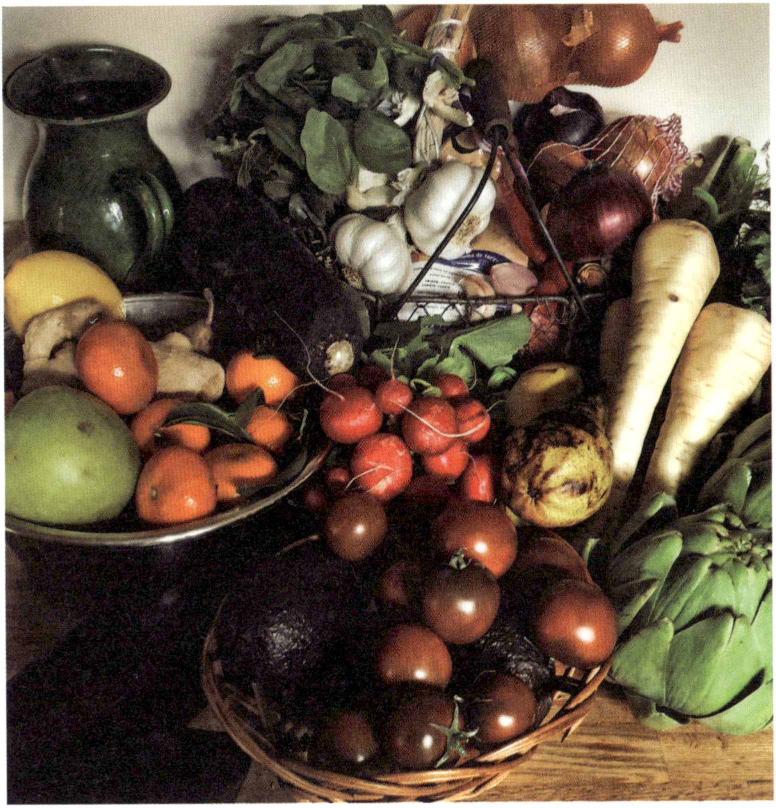

夏天的星期日/茄子鱼子酱

作为蘸料或肉菜的配菜。

> 一点点橄榄油,再加一些用来给烤盘涂油
> 2 只大号多肉茄子
> 半只红葱,切碎
> 2 汤勺新鲜柠檬汁
> 半茶匙盐,新鲜磨出的胡椒(转4下)
>
> 4人份
> 准备时间:5分钟
> 烹饪时间:25分钟

* 将烤箱预热到华氏400度(摄氏200度)。
* 将烤盘表面用橄榄油涂抹。将整只茄子放入烤盘烤25分钟。等茄子胀开变软就好了。
* 从烤盘中取出茄子,待其冷却。
* 将茄子切半,用勺子将茄子肉取出,置于碗内,加入红葱,加入几滴橄榄油和柠檬汁,以木勺将其拌匀,使茄肉吸收橄榄油并成为顺滑的酱状。加入盐和胡椒。

秋天的星期日/烤苹果

这道菜可以作为很好的配菜(配肉和血肠)。

> 如果你想把它作甜点,在烹饪之前,将去核苹果中灌入柠檬汁和

蜂蜜的混合物。其他做法和下面相同。当苹果还是热的时候，撒上糖粉，使糖焦化，趁热上桌，可以和冰淇淋或酸奶油一起食用。

每人1只苹果，最好是加拿大的Renatta或Belle de Boscop品种

准备时间：5分钟

烹饪时间：30分钟

* 将烤箱预热到华氏400度（摄氏200度）。
* 将苹果洗净去核，放入烤盘，加少许水，使苹果不会粘在烤盘上，放入烤箱。等果皮裂开、果肉变软时（大约30分钟，可能因苹果大小而异），将苹果从烤箱中取出，立刻上桌。

冬天的星期日/豌豆胡萝卜汤

中等大小的1罐豌豆和胡萝卜罐头

芥末

6人份

准备时间：5分钟

烹饪时间：10分钟

* 将豌豆和胡萝卜分开。将胡萝卜打成泥。
* 就着罐头里的水，将豌豆打成汤状。
* 将两者分别加热。
* 将胡萝卜泥放入一宽而浅的碗中间，弄成小岛状。
* 然后倒入豌豆汤，置于岛屿周围。
* 将芥末做成小球，状如豌豆，将其置于碗边。

祖先的贴士（我们从不忘记我们的根）

巴黎也是流放者和外省人的家乡，一个真正的大熔炉。如果你追溯他们的家谱，大多数巴黎女人来自其他地方。你会发现来自布列塔尼或奥兰的调料和香精，与来自远东和黑非洲的味道相呼应——连续不断的移民潮带来的果实给这个城市带来了更多的财富和活力。

他们的家族一代代地传下来很多建议，甚至将秘密口耳相传。不管是美容贴士、菜谱还是家务窍门，巴黎女人愿意从乡村智慧中获取灵感，提醒自己并不是从混凝土中长出的玫瑰。

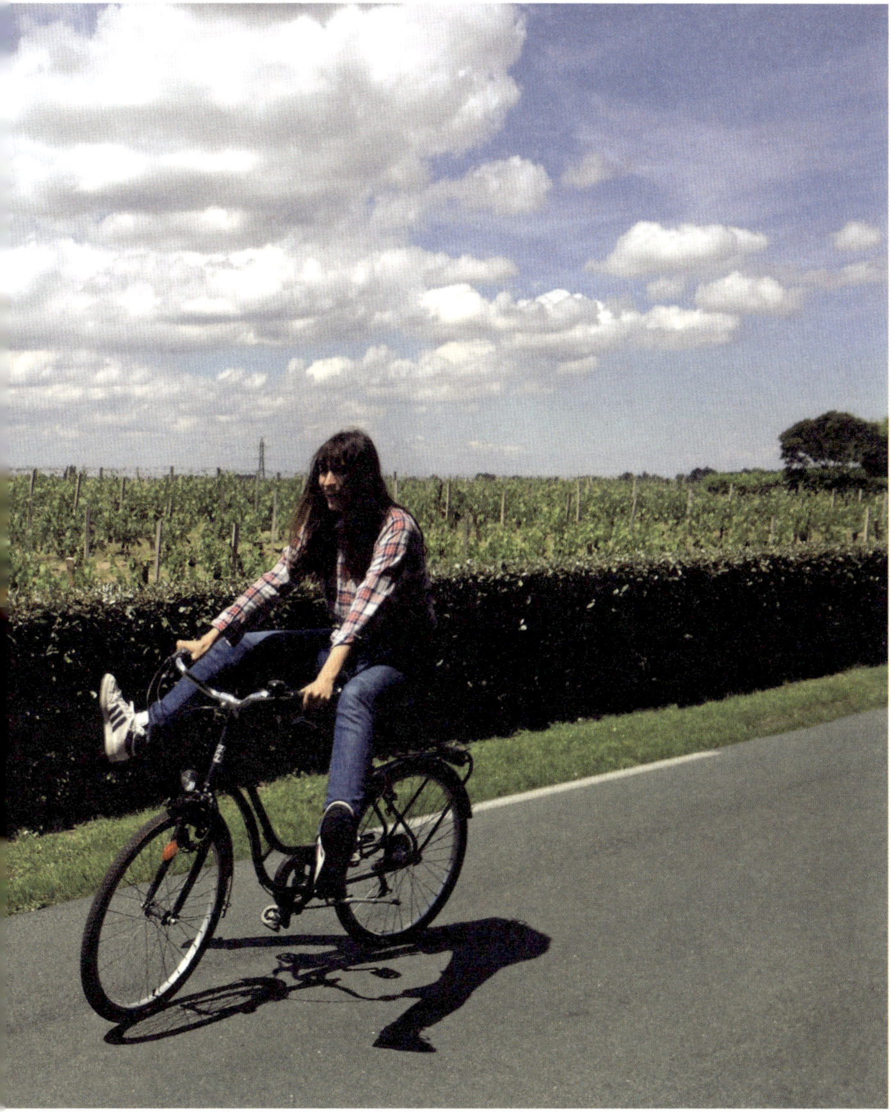

* 不要把咖啡渣扔进垃圾桶，相反，冲入下水道，它可以除油脂，通管道，并去除异味。

* 用放入阿司匹林的水插花可以让玫瑰存活更久。

* 新鞋往往会滑。专业走T台的会在鞋底划几刀——其实用半个生土豆摩擦一样有效。

* 半杯白葡萄酒醋可以让你的头发更闪亮——倒在头发上冲干净就可以。

* 你的皮肤、头发和指甲都喜欢啤酒。不是那种你喝的啤酒——那只会让你发胖——而是酿酒师使用的啤酒酵母。将它洒在沙拉、牛排和蔬菜中。它是盐的绝好替代品。

* 朗姆酒、两只蛋黄和柠檬汁：不是朗姆蛋糕，而是你生发剂的秘方。

* 在你的浴室里放一块磨脚石，至少每星期磨一次，确保你的脚一直柔软。

* 在药店的婴儿区，你可以找到甜杏油，非常便宜。一旦你开始用它，你再也不需要其他手霜和身体乳。

* 洗完澡后，在你的胸部洒上冷水。

* 把挤完汁的柠檬扔掉之前，用它擦擦手指甲——它能加固指甲并让它们更亮。

* 每周用小苏打粉刷一次牙——它是天然增白剂。

* 报纸是最好的擦窗布，而且比用纸巾擦窗更环保。

当你看
这些影片时,
你就在巴黎

一切取决于你的心情

如果你对巴黎女人整天谈性（甚至和她的父母也这样），并因为面临与美国男友的分手而在巴黎到处游荡还抱有怀疑，不妨去看看电影《巴黎两日情》，由朱丽·德尔比编剧、导演并出演。是的，巴黎女人完全疯狂。（但真的到了如此程度？）

因为喜欢音乐片，你都不记得自己看了几遍《花都艳舞》（又名《一个美国人在巴黎》）。这部电影可称是今天青春爱情喜剧的祖宗。恭喜你。看到由克里斯托弗·奥诺雷执导的《巴黎小情歌》中英俊的路易·加瑞尔，不流口水是不可能的。

或者在反映巴黎一九六八年五月风暴余波的黑白片中迷失自己。那就是由菲利普·加瑞尔执导的《平凡情人》，该片的主题，除了政治，当然就是爱情了，包括那些爱的起伏、危机和欢乐。

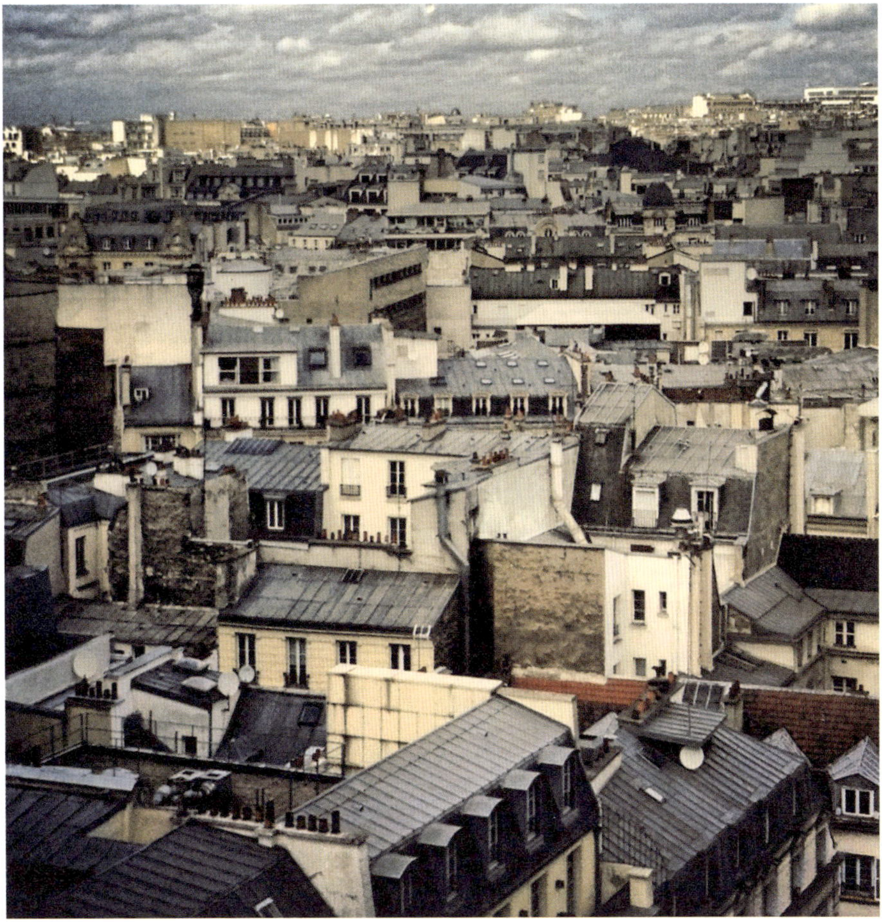

你爱上了同事——不过不是那种老年同事。他不仅是你的实习生，还刚从监狱出来。看起来在巴黎，任何爱情都是可能的：《唇语惊魂》，由雅克·欧迪亚执导。

塞德里克·克拉皮斯导演的《危险青年》追踪了一群高中生十五年左右的生活，经历了争斗、暗算、毒品和二十世纪七十年代理想主义的结束。我们也曾爱上过语言助教。

《谨慎的女人》描绘了一个作家漂泊的一生——他喜欢沾花惹草和投机钻营——梦想把自己的人生变成小说。在巴黎烟雾缭绕的咖啡馆，他找到了自己的猎物，一个羞涩腼腆的小女子。此片由克里斯坦·文森特执导，无论在文学上还是电影上都独树一帜，值得一看。

你会爱上这两兄弟——可爱的失败者，说话很快，纵情狂饮——是巴黎男人的原型：无法抵抗而又难以抓住。是的，我们生活在《没有怜悯的世界》里，这部电影由埃里克·罗查特执导。

所有法国女影星里最巴黎的女人毫无疑问是凯瑟琳·德纳芙。如果你想了解巴黎历史上黑暗的一章——二次大战时的德国占领时期，别忘了看看弗朗索瓦·特吕弗导演的《最后一班地铁》。

如果你想嘲笑那法国精神盛行之时最爱爱上花心男的女人的趣事，以及二十世纪六十年代协和广场和巴黎第十六区的样子，去看看伊夫·罗伯特导演的《大象骗人》。

如果你正面对空冰箱和里面最后一段黄油发愁，跟着由贝纳尔多·贝托鲁奇导演的《巴黎最后的探戈》跳舞吧（如果你已经年老并且坚强的话）。马龙·白兰度会带着你一去不回……

如果你在丈夫和情人之间游移不定，学学罗密·施奈德，让他们成为朋友。《赛萨和罗萨丽》由克洛德·苏台导演，展现了法国式的三人行。

在珍·塞伯格离开香榭丽舍大街的报社时，她爱上的是谁？要找到答案，看看让-吕克·戈达尔导演的《筋疲力尽》。这部影片是著名的新浪潮的最伟大电影。

如果你有时想象自己穿着剪裁完美的衣服，独自走在巴黎街头；如果你喜爱夜晚的巴黎、流光溢彩的街道和黄色的街灯；如果你喜欢迈尔斯·戴维斯的声音；如果你的爱人刚干了一件蠢事：你就是路易·马勒导演的《通往死刑台的电梯》中的让娜·莫罗。

如果你想探索二十世纪三十年代臭名昭著的巴黎，那就让蜿蜒的圣马丁运河引领着你，看看马赛尔·卡尔内导演的黑白经典老片《北方旅馆》，别忘了准备些纸巾。

巴黎生活场景 5

— Do you know WHO that is?

— OBVIOUSLY.

— She's GORGEOUS Don't you think?

— YES AND SHE KNOWS IT.

- **She's an ACTRESS**
- AN *OUT OF WORK* ACTRESS.
- I'm invited to her **PARTY** on saturday night.
- -OH...

Can I come?

为取悦他人而工作不会为你带来成功,但为满足自己而工作却能有机会吸引他人的兴趣。

——马塞尔·普鲁斯特

你需要
了解的十五个词

AAAA

巴黎人（或者更广泛的意义上说，法国人）喜爱那些初看起来很恶心的美味。出于对大家接受能力的尊重，那些食物的来源或样子我觉得最好还是不要在这里讨论。香肠又大又肥，就是其中的一个例子，肠衣来自猪的消化道。它是以小牛肉混以猪肉，用香料和红酒调味制成。味道令人愉悦，它的标签上常冠以"AAAA"，表示Association Amicale des Amateurs d'Andouillette Authentique（真正Andouillette香肠喜爱者友好协会）。把嘴张大，眼睛闭起，大快朵颐吧，你不会后悔的。

贴面礼

法国人在见面打招呼和说再见时都行贴面礼。换句话说，他们亲吻，但还是有规矩的。行正确的贴面礼，双方互相靠拢，脸颊轻擦，同时以嘴作出接吻的声音，然后换另一边脸颊重复。在法国不同地区，亲吻的次数有所不同，在法国南部，通常需要亲吻四次，布列塔尼是三次。在巴黎不会超过两次。注意，绝对不要试图拥抱巴黎女人。贴面礼可以将脸部拉近，但身体还是保持分开。

笔记本

巴黎女人不记日记,也不向一个自己想象出来的朋友告解自己内心的秘密,因为总有一天某人会阅读你的日记,而那个某人又很可能就是那个你最不想让他/她看到你日记的人。尽管如此,每个巴黎女人皮包里都有一个小本子,当然最好是黑色Moleskine牌的。她在里面记下各种东西:脑袋里的突发奇想,她喜欢的那本书里的一句引语,接下来要做的事情,她最喜欢的话语,那首她想查询的歌的一句歌词,那个刚在咖啡馆认识的男人的电话号码,突然想起来的昨夜梦境。

卡芒贝尔奶酪

这听起来实在是陈词滥调,但却是事实:所有巴黎人都吃奶酪,而且在一天中的任何时间。有些人喜欢以格鲁耶尔奶酪作为早晨的开始,有些人喜欢以涂了山羊奶酪的吐司为下午点心,还有人认为在夜店消磨一个晚上后来一份卡芒贝尔奶酪配红酒才算完整。但要注意:奶酪,尤其是卡芒贝尔,自己就是一门艺术。一般最好在专门的奶酪店里购买。但那些最势利的巴黎人却在奶酪店买所有的奶酪,独独卡芒贝尔,他们会在超市买。最好的牌子是Lepetit。卡芒贝尔一定要在软的时候吃,奶油状的内芯得一咬就流出硬皮才好吃。如果不是这样,碰都不要碰。

外省

法国被分成两个地理区域:巴黎和外省。外省包括哪些地方?巴黎以外的所有地方。

游泳池

巴黎人常喝香槟。他们知道这种苦苦的气泡饮料是社交聚会的敌人,尤其是与花色小蛋糕(过量食用以抵抗饥饿)搭配——会让你的口气像阴沟一样臭。所以巴黎人发明了piscine,游泳池,就是把一些冰块淹死在你的香槟里。这样可以减少你的胃反酸并消除口臭。更妙的是,这样的饮料被大多数"正常人"认为是对香槟的亵渎,但巴黎人巴不得如此,他们喜欢被别人视为异类,尤其是在所谓的举止和礼貌上。

红酒

你找不到一个不喝红酒的法国人。当然,巴黎女人又有自己的喝法。首先——这是无比重要的——她选择自己最喜欢的葡萄。她必须会说"我只喝波尔多的,最好是圣爱米伦(法国波尔多地区的一个葡萄酒产区)的"或者"你绝对不会看到我喝罗纳红的酒"。她绝对不会遵循品酒师的教导:晃杯,闻香,将鼻子深深地伸入杯中,然后尝味并发出常在牙医诊所听到的漱口声。巴黎女人相信自己天生就有"鼻子"和"味蕾",不需要假装自己是专家。

星期六的晚上

真正的巴黎女人从来不在周六晚上出去凑热闹,因为那天整个巴黎的餐馆和夜总会都挤满了醉醺醺的外地人和学生。星期六也不会有什么重要活动,所以她不会因此错过什么好玩的事。周六晚上,巴黎女人往往待在家中举办亲密的晚餐聚会。一个月中,或许有一次，她会出去参加某个文化活动：看看戏剧或歌剧、博物馆之夜，或者在当地电影院看一场最近翻拍的经典电影。在周六晚上举办大派对是不可思议的事，当然，如果那天恰好是你生日的话例外。

心理分析师

大多数巴黎女人都有一个心理分析师并且对此津津乐道。而那些没有心理分析师的人却往往"从根子上反对这些"，并且相信神经质是创造精神不可或缺的因素。不管怎样，她们都对在这个问题上人们究竟应该何去何从有着强烈的看法。比如，是不是应该根据你自己是男人还是女人，来选择一个男的或女的心理分析师？是看拉康派的，还是弗洛伊德派的，或是荣格派的？是不是应该为预订了但没有去的诊疗付钱？如果那些预约正好在国定假日该怎么办？然而，巴黎女人不会过多透露她们心理分析的具体内容，就像她们不会告诉你自己的梦境一样——一个人不应该过多地谈论自己。

喝一杯

巴黎人喜欢出去喝一杯，就像喝咖啡一样，但时间上会严格放在下午六点以后。巴黎是一个满是小饭馆和咖啡馆的城市，在那里你可以聊天消磨几个小时。邀请别人出去喝点什么相当于非正式邀请对方陪你一起消耗酒精。不需要什么理由。可以持续一到两个小时，期间可以讨论任何话题，互不相干也没关系，从最私人的（你小时候所受的心灵创伤）到最普通的（关于天气）话题都可以。这是一项非常轻松而不会给你造成负担的活动。

潜台词

巴黎女人花很多时间分析潜台词：人们所说的话背后的真正意思。这种习惯常常导致毫无缘由地讨论，例如"他那么说是真的表示什么意思"或者"我的婆婆给了我那件礼物，她想表达什么呢"或者"那只是弗洛伊德式的真情流露还是……"等等等等。巴黎女人相信自己可以比其他任何人都更好地读懂他人的心思。她能花几个小时剖析周围人的一言一行，直到所有人（包括她自己）为此弄得筋疲力尽。

羊角面包

和卡芒贝尔奶酪一样，羊角面包也是一个真实的传说。巴黎女人喜欢吃这些有着新月形状、渗着黄油并把小屑屑在你脸上、衣服上和床单上掉得到处都是的面包。她们在星期天的上午和孩子们一起吃它，也在星期一早上面对充满压力的一天工作时吃它，在假期她们一样吃这个，因为缺了它，怎么能算度假呢？为什么吃了这么多羊角面包她居然不胖呢？因为她下定决心认为自己有权吃羊角面包而不用听别人唠叨说这东西含多少卡路里！

剧院

法国首都市内剧院数目之多让人吃惊。每个夜晚，成百上千名巴黎人进入挂着红色天鹅绒的房间，坐进并不舒服的椅子，观看法兰西喜剧院上演的经典剧目,或者在巴黎北部某个小小的剧院里看一出新排的喜剧。和大多数大城市一样,巴黎吸引了相当数量的演员试试自己的运气。每年至少有两三次,某个朋友会硬拉着巴黎女人去市郊某个时髦的地下室看自己新上的戏剧。悲剧啊!对于老一代的巴黎女人,她们拥有去国家剧院看最新剧目的年票。这是随年岁增长而养成的习惯——事实上,凭此她知道自己变老了。

自由市场

巴黎的每个社区都有它自己的自由市场。有些市场每天都开,也有一些是室内的,但大多数在露天,每周两次,在一个广场上举办。巴黎人喜欢去自由市场。在那里,她们可以买到依然带着泥土的蔬菜,生菜里甚至还藏有蜗牛。她们喜欢和摊主聊天,显示自己是常客。自由市场可能是彻底的价高质次,也可能大大的划算,这取决于不同的社区。去自由市场时,可以穿便装,肩上背一个大篮子。甚至带一个老奶奶用的购物车,让长面包露在外面也是可以接受的。有些自由市场有它自己的特色。那儿也是认识你所在社区各色人等并且在回家准备午饭之前喝一杯的好地方。自由市场开放的那天是个快乐的日子,常常令人想起自己快乐的童年。

PLOUC

发音为{plūk},指巴黎女人眼中任何普通、无趣甚至低俗的态度。无关道德或社会阶级:例如,如果法兰西第一夫人在公众场合称她丈夫小名也会被认为plouc。

巴黎地址簿

要真正享受你所在城市的生活,你需要首先了解你自己,知道自己的需求、喜好和问题,然后你才能更好地应对。

每个地方都有自己的功能,你不会带你的祖母去你带情人去的那家店吃午饭吧?

你可能对下面这些地方感兴趣:

* 应付突发事件的避难所

不在一个人们常去的地方,略显奇怪,但你可以在周围散步,忘却一天工作的压力。堪称时光隧道。

Galerie de Paléontologie et d'Anatomie Comparée

2, rue Buffon, 75005 Paris

博物馆

* 一夜将尽

声名在外,老式装修,此餐馆任何时间都开着。演员们一下场就赶过来,那些恋人们也把这里作为填饱肚子的好去处。

A la Cloche d'or

3, rue Mansart, 75009 Paris

www.alaclochedor.com

餐馆

* 黑暗世界

想要偷一个初吻吗？还有什么地方好过这个巨大水族馆水箱的半阴影下面呢？

L'Aquarium de Paris

5, avenue Albert de Mun, 75016 Paris

www.cineaqua.com

水族馆

* 你的会客室

一个自然而又雅致的日本茶室，可以作为在最后一分钟才约定的工作会面地点。

Toraya——Salon de Thé

10, rue Saint Florentin, 75001 Paris

餐馆/茶室

* 城中漫步

永远给自己留一个地方，身处饱含历史的城市深处，可以在一个晴朗的日子组织一次野外午餐或浪漫的散步。

Les Arènes de Lutèce

47–59, rue Monge, 75005 Paris

纪念碑

* 素食

素食馆。因为，不管你住在世界的哪个角落，总有那位来自洛杉矶的朋友来看你。虽然你喜欢三分熟的牛排，但也要照顾一下别人的口味，对吗？
Tuck Shop
13, rue Lucien Sampaix, 75010 Paris
www.facebook.com/tuckshopparis
餐馆

* 巴黎服装

这家店的衬衫、礼服和外套能瞬间把你变身为巴黎女人。不可思议、精致、诗意。
Thomsen- Paris
98, rue de Turenne, 75003 Paris
www.thomsen- paris. com
时尚

* 家常菜

在这里，你会再次发现祖母的烹饪，过去的二十年里，这家店的炒蔬菜、蒸鱼和传统蛋白糖饼是巴黎保守得最好的秘密，想学学什么是好味道吗？在这里吃饭吧。
Pétrelle
34, rue Pétrelle, 75009 Paris
www.petrelle.fr
餐馆

* 草药

如果你预约理疗师需要等几个星期的话，不妨来这家小店看看。你会得到快速有效而且免费的诊断。用这些纯化、抗氧化和提神的植物来款待一下自己吧。

Herboristerie du Palais Royal, Michel Pierre
11, rue des Petits Champs, 75001 Paris
www.herboristerie.com
健康药房

* 生日快乐

　　这是你能订到最好蛋糕的地方，你将不再为自己当妈妈的技术不够感到自责（好像在我的记忆里，我们的母亲从来不会在自家厨房大干六个小时来烤一个生日蛋糕）。

Chez Bogato
7, rue Liancourt,
75014 Paris
www.chezbogato.fr
面包店

* 智慧相约

　　你可以和他相约在一幅画前，让他明白你真正的意思。例如，德拉克洛瓦的《自由引导人民》：那个无惧秀出自己美胸的妇人。

Musée du Louvre
75002 Paris louvre.fr
美术馆

* 早上好

这是巴黎最美丽的吃早餐的地方。以阳光和火焰迎接新的一天总是好事情。更好的是，它就在火车站边上，如果你突然有了无法抑制想要离开的感觉，这里也方便。

Le Train Bleu

Gare de Lyon

Place Louis-Armand, 75012 Paris

le-train-bleu.com

餐馆

* 世界之源

一个实际上是三角形的广场，在这个相似于女性隐私处的地方接吻该是多么让人兴致勃勃啊！

Place Dauphine, 75001 Paris

纪念碑

* 夜晚外出

一个带餐馆的酒店，你可以在这里用晚餐，度过一个愉快的夜晚，而且还有酒吧，如果你的约会对象令你生厌，你还可以尝试认识新朋友。

Hôtel Amour

8, rue Navarin, 75009 Paris

hotelamourparis.fr

酒店

* 有着大写H的酒店

坐落在蒙马特中心地带的精品酒店。可以在他人好奇而羡慕的眼光中在私家花园用午餐。

L'Hôtel Particulier

23, avenue Junot, 75018 Paris

hotel-particulier-montmarte.com

酒店

* 当你失落时

这是一个豪华酒店中的酒吧，可以和你处于失恋状态中的好友共饮啤酒。因为就算开间房对你来说太贵了，但至少你可以请她喝一杯。

Bar 228——Le Meurice

228, rue de Rivoli, 75001 Paris

酒店酒吧

* 巴黎最美办公室

古老的图书馆，你可以在里面待上一整天准备你的考试、写作或感受激励。

Bibliothèque Mazarine

23, quai de Conti, 75006 Paris

bibliotheque-mazarine.fr

图书馆

* 像明信片一样漂亮

专卖法式蛋糕的社区小店。在这里，你会遇见索邦大学的学生和教授。你可以拿着便餐边走边吃，还能喝到美味的热巧克力。

Pâtisserie Viennoise

8, rue de l'École de Médecine, 75006 Paris

小餐馆

* 城市花园

在这里和你母亲或好友饮茶。花园如此美丽，你完全有权把自己想象成简·奥斯丁小说中的女主人公。

Musée de la Vie Romantique

16, rue Chaptal, 75009 Paris

博物馆/茶室

* 宿醉

你宿醉未醒时的必去之处，可以吃一个美味的芝士汉堡，也可以再来一杯血腥玛丽让自己还个魂。

Joe Allen

30, rue Pierre Lescot, 75001 Paris

餐馆

* 电影天堂

这家小小的电影院让你感觉就像回到家一样，尤其是在星期日晚上，你想看一部意大利经典老片的时候。

Le Reflet Médicis

3, rue Champollion, 75005 Paris

电影院

* **最佳礼物**

如果你的时间不够，想法不多，下面这些小店肯定可以让你找到能让人喜欢的礼物。顺序从最便宜的到最贵的。

La Hune

6–18, rue de l'Abbaye, 75006 Paris

书店

La Boutique de Louise

32, rue du Dragon, 75006 Paris

珠宝/家居装饰

Cire Trudon

78, rue de Seine, 75006 Paris

蜡烛

7 L

7, rue de Lille, 75007 Paris

精品书

Merci

111, boulevard Beaumarchais, 75003 Paris

概念店

Astier de Villatte

173, rue Saint-Honoré, 75001 Paris

家居装饰

* **淘古董**

就算你空手而归，也会因为穿越了时空而满心欢喜，更可贵的是，经历了那么多讨价还价，你感觉自己就像进行了一次完美的锻炼。

Marché aux Puces de Clignancourt

Porte de Clignancourt, 75018 Paris

跳蚤市场

* 临时起意的晚餐聚会

这家社区熟食小店晚上和周末都开，而且你总能找到好酒、奶酪、新鲜鸡蛋、熟肉和自制巧克力。总之，这就是你在最后一分钟决定邀请你的好友们过来晚餐聚会时要去的地方。

Julhès

54, rue du Faubourg Saint-Denis, 75010 Paris

食品超市

* 你自己的世界

这家咖啡馆是你起居室和办公室的同时延伸。你和店主打个招呼，给手提电脑插上电，点杯柠檬水，让他们把音乐调轻……当然，食物也是简单而美味。

Restaurant Marcel

1, villa Léandre, 75018 Paris

咖啡馆/小饭店

* 皇家礼遇

在这个露台上你感觉自己就是王后。是的，为了这种特权你要多花一些钱，但是在这个世界上，你再也找不到同样的风景了——无价。

Le Café Marly

93, rue de Rivoli, 75001 Paris

咖啡馆/餐馆

* 与众不同

去这个酒吧探个险吧，在那里，一切皆有可能。你一走进店门，就能感受到温度升高，而暗暗的角落更能激起你的无穷想象。

L' Embuscade

47, rue de la Rochefoucauld, 75009 Paris

酒吧/餐馆

* 普鲁斯特的玛德琳蛋糕

为了纪念逝去的时光：让时光倒流到你的童年，寻找巴黎最好的蛋糕和果馅饼。甜，好吃。

Tarterie Les Petits Mitrons

26, rue Lepic, 75018 Paris

面包店

* 圣图安淘旧货的周日上午

在巴黎最好的跳蚤市场淘完旧货，从衣服到旧唱片和家具，然后去这家餐馆享用淡菜、炸薯条和现场吉卜赛爵士乐。

La Chope des Puces

122, rue des Rosiers, 93400 Saint-Ouen

跳蚤市场/餐馆

致谢

作者要向Alix Thomsen表示谢意,她是本书的灵魂。

感谢 Christian Bragg, Dimitri Coste, Olivier Garros, Johan Lindeberg 在BLK DNM上的帮助, Raphaël Lugassy, Stéphane Manel, Jean-Baptiste Mondino, Sara Nataf, Yarol Poupaud, So Me和Annemarieke Van Drimmelen 大方地与我们分享他们的工作,同样还有Susanna Lea, Shelley Wanger, Naja Baldwin和Françoise Gavalda。

还有:Claire Berest, Berest一家, Diene Berete, Bastien Bernini, Fatou Biramah, Paul-Henry Bizon, Odara Carvalho, Jeanne Damas, Julien Delajoux, Charlotte Delarue, Emmanuelle Ducournau, Maxime Godet, Clémentine Goldszal, Camille Gorin, Sébastien Haas, Guillaume Halard, Mark Holgate, Cédric Jimenez, Gina Jimenez, Tina Ka, Nina Klein, Bertrand de Langeron, Magdalena Lawniczak, Pierre Le Ny, Téa and Peter Lundell, Ulrika Lundgren, Saif Mahdhi, Maigret一家, Gaëlle Mancina, Stéphane Manel, Tessa Manel, Jules Mas, Martine Mas, Mas一家, Jean-Philippe Moreaux, Roxana Nadim, Chloé Nataf, Fatou N'Diaye, Anne Sophie Nerrant, Nicolas Nerrant, Next Management Team, Priscille d'Orgeval, Anton Poupaud, Yarol Poupaud, the Poupaud family, Charlotte Poutrelle, Elsa Rakotoson, Gérard Rambert, Rika magazine, Joachim Roncin, Christian de Rosnay, Xavier de Rosnay, Martine Saada, Victor Saint Macary, Juliette Seydoux, Sonia Sieff, Samantha Taylor Pickett, Pascal Teixeira, Hervé Temime, Thomsen Paris, Anna Tordjman, Emilie Urbansky, Camille Vizzavona, Aude Walker, Mathilde Warnier, Adèle Wismes, Rebecca Zlotowski。